Mohammad Saleh Shafeeyan
Mohammad Reza Delsouz Khaki
Abdul Aziz Abdul Raman

Wykonanie nowego fotokatalizatora

Mohammad Saleh Shafeeyan
Mohammad Reza Delsouz Khaki
Abdul Aziz Abdul Raman

Wykonanie nowego fotokatalizatora

dla degradacji zanieczyszczeń organicznych

Wydawnictwo Bezkresy Wiedzy

Imprint

Cover image: www.ingimage.com

This book is a translation from the original published under ISBN 978-620-0-32189-3.

Publisher:
Wydawnictwo Bezkresy Wiedzy
is a trademark of
Dodo Books Indian Ocean Ltd., member of the OmniScriptum S.R.L Publishing group
str. A.Russo 15, of. 61, Chisinau-2068, Republic of Moldova Europe
Printed at: see last page
ISBN: 978-620-0-81183-7

Mohammad Reza Delsouz Khaki
Abdul Aziz Abdul Raman
Mohammad Saleh Shafeeyan

WYDAJNOŚĆ NOWEGO FOTOKATALIZATORA ROZKŁADU ZANIECZYSZCZEŃ ORGANICZNYCH

Zwiększona wydajność fotokatalityczna światła widzialnego nowego fotokatalizatora z domieszką miedzi w zakresie degradacji zanieczyszczeń organicznych

Zdjęcie okładki: www.ingimage.com

Wydawca:
Wydawnictwo Akademickie LAP LAMBERT
jest znakiem towarowym
International Book Market Service Ltd., członek OmniScriptum Publishing
Grupa
17 Meldrum Street, Beau Bassin 71504, Mauritius

ISBN: 978-620-0-32189-3

Przedmowa

Ścieki przemysłowe zawierają różne toksyczne zanieczyszczenia, takie jak barwniki i związki fenolowe, które często nie ulegają całkowitej degradacji w konwencjonalnych oczyszczalniach. Większość obecnie stosowanych procesów, takich jak adsorpcja, ozonowanie lub utlenianie elektrochemiczne, separacja membran, koagulacja i filtracja do uzdatniania wody, ma różne ograniczenia. Na przykład, zanieczyszczenia są przenoszone tylko z jednego medium na drugie, dlatego też konieczny jest kolejny krok w celu wyeliminowania związków organicznych. Co więcej, proces ten jest powolny i stwarza pewne trudności w pracy przy wysokich stężeniach zanieczyszczeń organicznych. Degradacja fotokatalityczna jest uważana za potencjalną technologię, która może doprowadzić do całkowitej mineralizacji substancji organicznych. Proces ten jest również szybki, ekonomicznie wykonalny i stabilny chemicznie. Wśród różnych fotokatalizatorów półprzewodnikowych rośnie zainteresowanie tlenkiem tytanu (TiO2) ze względu na jego niską cenę, właściwości przyjazne dla środowiska, stabilność chemiczną i brak toksyczności.

Książka ta składa się z czterech rozdziałów poświęconych różnym aspektom związanym z tematem badań. W szczególności książka ta opisuje syntezę i charakterystykę nowego nanokrystalicznego fotokatalizatora poprzez domieszkowanie jonów miedzi w matrycy krystalicznej TiO2/ZnO oraz bada jego działanie w oczyszczaniu ścieków i degradację dwóch barwników, tj. błękitu metylowego (MB) i pomarańczy metylenowej (MO) pod wpływem światła widzialnego. Książka ta została umotywowana chęcią, abyśmy wraz z naszymi współpracownikami przedstawili rozwój i zastosowania w tej dziedzinie.

Autorzy są wdzięczni wszystkim recenzentom za ich wkład w powstanie tej książki i wyrażają uznanie dla wsparcia pracowników Wydawnictwa Akademickiego LAP LAMBERT za pomoc w jej przygotowaniu.

Spis treści

Rozdział 1

Zastosowanie domieszkowanych fotokatalizatorów do degradacji zanieczyszczeń organicznych

1.1 Wprowadzenie

Różne barwniki i związki organiczne, które są powszechnie stosowane w przemyśle, powodują zanieczyszczenie środowiska i muszą być usuwane ze ścieków (Alem and Sarpoolaky 2010). Barwniki są bogatym źródłem barwnych związków organicznych emanujących jako odpady z procesów barwienia tkanin. Ze względu na wysokie stężenie związków organicznych w ściekach i większą stabilność nowoczesnych barwników syntetycznych, konwencjonalne metody oczyszczania są nieskuteczne w degradacji barwników i związków organicznych lub całkowitym usuwaniu barwników (Q. Zhang 2011). Według ostatniego raportu UN World Water Development, nieoczyszczone ścieki przemysłowe, zawierające kilka rodzajów zanieczyszczeń organicznych, wpływają do gruntów produkcyjnych oraz źródeł wód powierzchniowych i podziemnych (Gleick 2004). W związku z tym rośnie obawa o skuteczność i kompatybilność środowiskową metod usuwania zanieczyszczeń, aby zapobiec przedostawaniu się niebezpiecznych zanieczyszczeń do środowiska. Do usuwania zanieczyszczeń zastosowano szeroki zakres procesów chemicznych, fizycznych i biologicznych poprzez koagulację chemiczną, utlenianie, flokulację, wytrącanie, unoszenie się piany, odwróconą osmozę i techniki biologiczne (Akpan and Hameed 2011). Metody chemiczne nie są jednak w stanie zmineralizować wszystkich zanieczyszczeń organicznych i generują nowe zanieczyszczenia środowiska (N. Takeda 1988). Metody fizyczne, takie jak adsorpcja, nie są w stanie usunąć ze ścieków wszystkich odpadów niebezpiecznych. Metody biologiczne są również powolne, selektywne i wrażliwe na warunki środowiskowe, takie jak pH i temperatura (M.L. Krumme 1988, O. Aviam 2004). Zaawansowane procesy utleniania (AOP), takie jak procesy fotokatalityczne, w tym Fenton, foto-Fenton i elektro-utlenianie są silne i nieselektywne (.A. Fujishima 2000, O. Carp 2004) Metody te zostały wykorzystane do mineralizacji trwałych zanieczyszczeń organicznych w środowisku.

1.2 Metody uzdatniania wody

Odpady organiczne *nieulegające biodegradacji* są związkami, które nie mogą być poddane recyklingowi w cyklu życia w sposób naturalny, ponieważ nie mogą rozpaść się na składniki naturalne. Dlatego też takie zanieczyszczenia powinny być usuwane ze ścieków za pomocą różnych technologii, w tym oczyszczania biologicznego, technik koagulacji/recypitacji, oczyszczania z wykorzystaniem Fentonu i zaawansowanej technologii utleniania fotokatalitycznego. Procesy biologicznego oczyszczania wykorzystujące metabolizm mikrobiologiczny są bezpieczne, ekonomiczne i niezawodne, jednak technologie te wymagają wysokich poziomów osadów ściekowych, a ich skuteczność nie jest stabilna.

Utlenianie Fentonu jest metodą rozkładu materii organicznej poprzez wykorzystanie mocy utleniania soli żelaza (odczynnik Fentonu) oraz wytwarzania rodników OH. Ta metoda obróbki obejmuje reakcję utleniania wywołaną przez odczynnik Fentona, neutralizację i proces koagulacji w celu usunięcia soli żelaza. Dlatego też proces ten jest prostszy, łatwiejszy do przeprowadzenia i nie wymaga dodatkowych urządzeń, jak inne metody fotoutleniania lub utleniania. Jednak metoda ta powoduje powstawanie nadmiernych ilości osadów, a jej obsługa jest kosztowna ze względu na wtórne przetwarzanie.

Metody oczyszczania koagulacji/recypitacji wytrącają zawiesiny ciał stałych poprzez dodanie nieorganicznych koagulantów lub koagulatorów polimerowych i utworzenie kłaczków. W rzeczywistości, koagulanty polimerowe tworzą kłaczki osadowe w celu oddzielenia lub wytrącenia ze ścieków rozpuszczonych lub zawieszonych cząstek stałych. Tymczasem koagulanty nieorganiczne koagulują z substancjami zanieczyszczającymi i są przemieszczane za pomocą rozpuszczalnej w wodzie soli metalowej. Zaawansowana Technologia Utleniania (AOT) jest silnym procesem oczyszczania ścieków dla związków nieulegających biodegradacji. Proces ten może oczyszczać duże ilości wody przy niskich kosztach eksploatacji i instalacji. AOT generuje $\cdot OH$, który ma większą moc utleniania (potencjał utleniania: 2,80 eV), a związki organiczne rozkładają się na HCl, H2O lub CO_2, które są związkami stosunkowo nieszkodliwymi.

1.3 Proces zaawansowanego utleniania

W AOP stosuje się cztery różne metody wytwarzania rodników hydroksylowych i oczyszczania ścieków, a mianowicie: (i) ozonowanie, (ii) procesy elektrochemiczne, (iii) bezpośredni rozkład wody oraz (iv) fotokataliza. Na rysunku 1.1. przedstawiono zaawansowane technologie utleniania służące do generowania rodników hydroksylowych.

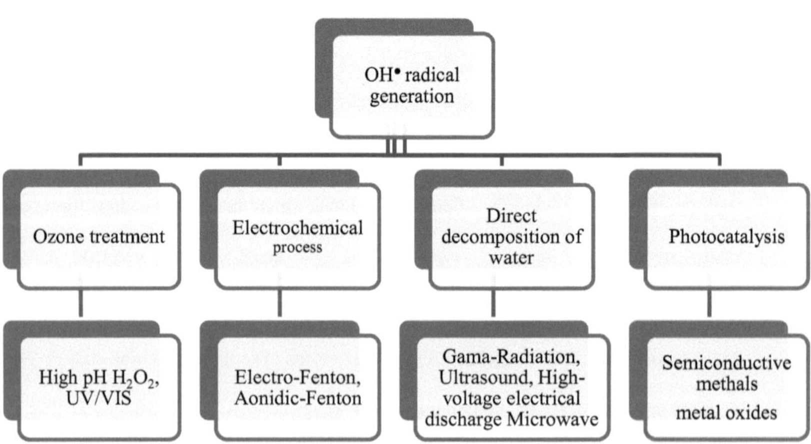

Rysunek 1.1: Zaawansowane technologie utleniania dla generacji rodników hydroksylowych

Ozonowanie jest powszechnie stosowane do oczyszczania wody poprzez bezpośrednie wprowadzanie gazu ozonowego do ścieków. Ozon reaguje bezpośrednio ze związkami organicznymi lub pośrednio z OH-, co prowadzi do pośredniego rozkładu oksydacyjnego. Właściwości zanieczyszczeń organicznych są czynnikiem determinującym mechanizm rozkładu ozonu poprzez promowanie lub hamowanie rozkładu ozonu. W związku z tym nierozłożone związki organiczne lub takie, które nie mogą być łatwo rozkładane, poddawane są działaniu ozonu.

Technologia utleniania Fenton generuje również OH- poprzez rozkład H2O2 przez Fe2+ w ciekłym medium z lub bez napromieniowania światłem, lub z promieniowaniem UV.

H2O2+Fe3+ → HO2- + H++ Fe2 (1-1)

HO2- + Fe2+ → HO2- + Fe3+ (1-2)

HO2- + Fe3+ → O2+ H+++ Fe2+ (1-3)

Jednak reakcja utleniania Fentonu nie ma zastosowania w warunkach, w których pH > 4. Dlatego też pH należy kontrolować i dostosowywać do tej metody, co może zwiększyć koszty operacyjne (.

Bezpośredni rozkład cząsteczek wody poprzez zewnętrzne źródła energii, takie jak mikrofale, ultradźwięki i wiązki elektromagnetyczne, jest również metodą wytwarzania OH-. Cząsteczki wody ulegają rozkładowi na elektrony H+, OH- i wodne poprzez napromieniowanie. Ponieważ impulsy wysokiego napięcia o wartości około 10 kV są rozładowywane w wodzie przez dwie elektrody zainstalowane w niewielkiej odległości, wytwarzane jest zlokalizowane ciepło, które rozkłada cząsteczki wody. Takie same warunki występują w przypadku napromieniania ultradźwiękowego lub mikrofalowego, gdzie powstają przegrzane obszary zwane gorącymi punktami.

SrTiO3, BiTiO3, WO3, ZnWO4, ZnO, CuS/ZnS, Bi20Ti20, ZnS, Ag2CO3, Bi2WO6, Nb2O5, Fe2O3, TiO2 itd. Proces obejmuje półprzewodnik jako fotokatalizator, który jest aktywowany pod wpływem promieniowania świetlnego (U.I. Gaya 2008). Struktura fotokatalizatora półprzewodnikowego (SP) zawiera pasma walencyjne (VB) i pasma przewodzące (CB), które są oddzielone szczeliną pasmową (Eg).

1.4 Fotokatalizator

Wśród różnych AOP, niejednorodne procesy fotokatalityczne mogą z powodzeniem zredukować szeroki zakres zanieczyszczeń w temperaturze i ciśnieniu otoczenia bez generowania szkodliwych półproduktów (N. Daneshvar 2007, Y. Abdollahil 2011). Procesy są inicjowane przez wzbudzenie i przeniesienie elektronu z VB, który jest pełen elektronów do pustego CB. W procesie fotokatalizy fotokatalizator absorbuje wystarczającą ilość energii, która jest prawie równa poziomowi energii szczeliny pasmowej, aby zostać wzbudzonym. W procesie tym powstaje para elektronowo-otworowa, która reaguje z cząsteczkami wody i tlenu lub grupami hydroksylowymi, aby wytworzyć wysoce reaktywne formy tlenu, tj. aniony nadtlenkowe (O2-·) i rodniki hydroksylowe (-OH). Następnie rodniki tlenowe atakują istotne składniki organiczne i rozkładają je w wyniku reakcji utleniania. Fotoekspcytacja następuje poprzez absorpcję energii fotonów (*hv*), która jest równa lub wyższa od energii szczeliny pasmowej fotokatalizatora (Eg). W związku z tym na powierzchni fotokatalizatora wytwarza się para elektronowo-otworowa ($^{e^{-}-h^{+}}$). Wśród różnych półprzewodników, dwutlenek tytanu (TiO2) i tlenek cynku (ZnO) są najbardziej udanymi i popularnymi fotokatalizatorami o dobrej światłoczułości i stabilności chemicznej. Są one nietoksyczne i tanie. Mają jednak pewne ograniczenia związane z właściwościami optycznymi i elektronicznymi (Li and Li 2002). TiO2 i ZnO są fotokatalizatorami bardzo aktywnymi w świetle UV, ponieważ ich fotogenerowane elektrony i otwory są skutecznymi środkami utleniającymi i redukującymi. Jednak duże luki pasmowe TiO2 i ZnO, które wynoszą odpowiednio ok. 3,2eV (Khan, Lee et al. 2014) i 3,37eV (Ahmad, Ahmed et al. 2013)), ograniczają ich zastosowanie fotoelektrochemiczne w świetle widzialnym. Łatwa rekombinacja fotoelektrochemiczna otworów i elektronów również zmniejsza ich efektywność. Dodanie tlenku do tych fotokatalizatorów i wspomaganie ich tlenkiem to sposoby na poprawę ich fotoaktywności i stabilności termicznej podczas przygotowywania katalizatora.

Wśród różnych tlenków, takich jak TiO2, SnO2, SiO2, CeO2, ZnO, WO3 i ZrO2, poprzednie prace wykazały, że heterojunkcja TiO2 i ZnO może mieć synergiczny efekt dzięki wstrzyknięciu elektronów pasma przewodzenia z ZnO do TiO2, co zmniejsza szybkość rekombinacji i zwiększa żywotność pary elektronów (Zheng i in. 2015).

TiO2 i ZnO, z szerokozakresowymi przerwami 3,2 eV i 3,3 eV, oraz dwoma fotokatalizatorami, wymagają światła wzbudzającego o długości fali poniżej 400 nm, aby rozpocząć fotoreakcję. W celu poprawy fotoaktywności TiO2 i ZnO rozważono zastosowanie metody dopingu. Doping dwóch fotokatalizatorów jest metodą stosowaną do opóźniania szybkiej rekombinacji ładunku i umożliwiającą absorpcję światła widzialnego poprzez tworzenie stanów defektu w szczelinie pasma. W pierwszym przypadku otwory falbanowe lub elektrony pasma przewodzącego są uwięzione w miejscach defektu, hamując rekombinację fotoindukowanych otworów i elektronów oraz poprawiając przenoszenie ładunków międzyfazowych. W drugim przypadku elektroniczne przejścia ze stanów uszkodzenia do pasma przewodzącego lub z pasma falbany do stanów uszkodzenia mogą wystąpić pod wpływem promieniowania szczeliny podpasmowej. W tabeli 1.1. przedstawiono zastosowanie heterojunkcji ZnO-TiO2 w degradacji zanieczyszczeń wody.

Tabela 1.1: Zastosowanie hetro sprzęgu ZnO-TiO2 w degradacji zanieczyszczeń wody

Catalyst	ZnO:TiO2 Stosunek	Morfologia	Metoda syntezy	Warunki syntezy	Zanieczyszczenie	Światło, λ(nm)	Czas min	Barwnik ppm	Cat g/L	Wydajność (Y) ZnO/TiO2	Y ZnO	Y TiO2	Sędzia sprawozdawca.
ZnO/TiO2	1.23:1 (w/w)	NP, Ring SH	Piroliza	400°C	MO	SL, 320-800	120	5	-	94.8	28.9	19.1	(Zheng, Li et al. 2015)
ZnO/TiO2	50:50%	NP, niejednolity	Sol-Gel	380°C 500°C	B, T, X	VIS	120	100	1	44.8, 45.7, 49.1 36.9, 39.5, 45,1	-	-	(Ferrari-Lima, de Souza et al. 2015)
ZnO/TiO2 Cienka folia	3:1 (w/w)	Z:nanowiry T:Nanocząsteczka	Powłoka przędzalnicza	320°C, 3h	Orange II	UV,315-400 VIS,	210 210	20	0.5	27.5 36.9	52.9 74.1	-	(Siuleiman, Kaneva et al. 2014)
ZnO/TiO2	20,50,80wt%	NP, niejednolity	SS	450°C, 6h	4CHI	UV,303-578	75	25	2	100, 87, 78	75	84	(Pozan and Kambur 2014)
ZnO/TiO2	1:1 MR	NP, puste kule	Hydrotermiczny	180°C, 2,6,12,24h	MO	UV, >400 VIS,	25 25	20	1	80.5,88.4,91,92 57.4,66 ,69,74.4	92.4 -	29.3 -	(Wang, Zhu et al. 2014)
ZnO/TiO2	1:0.2 MR	NP	MW Sol-Gel	500°C, 7 h	RhB	SS, VIS, MV	30	50	1.7	82.4, 68.8, 25.7	89.7,78.8,36.7	-	(Li, Zhang et al. 2014)
ZnO/TiO2	10,20,30,40%M	Porowaty cienki film	Sol-Gel	500°C, 0,5h	MO	SS	280	10	4	79.6,60.3,7.3,9.3	-	48.1	(Chen, Zhang et al. 2014)
ZnO/TiO2	1:1 (w/w)	NF, Flower SH	Elektrospinning	500°C, 4 h	ARS	UV	70	100	2.5	99.4	51.3, 67.9	-	(Murugan, Babu et al. 2013)
TiO2/ZnO	1:10,2:10,3:10MR	NP, Nieregularny	Sol-Gel	500°C, 5 h	MB	UV	90	5	1	91.3, 94.9, 73.6	-	87.5	(Moradi, Aberoomand-Azar et al.)
TiO2/ZnO	1:1 MR	NF, Włóknina	Elektrospinning	500°C, 2 h	MO 4NPh	UV	40	10	0.01	84.99 70.6	49.9, 52.9 30.3, 29.5	-	(Zhang, Shao et al. 2012)
TiO2/ZnO	1:7,1:5,1:3.5wt%.	NF	Elektrospinning	500°C, 5h	RhB	UV,365nm	24h	8	0.5	84, 98.1, 90.1	-	NF:80 NP:65	(Liu, Ye et al. 2010)
ZnO/TiO2	-	NP<10-20nm	Hydroliza	180-200°C,-	MO	UV,365nm	20	20	2.5	81.7	76.3	51.8	(Zhang, An et al. 2010)

ZnO powlekane TiO2	-	NP-amorficzny	MW Sol-Gel	120°C, 3h	OG	UV,340nm	90	-	-	98.9	58.2	-	(Bahadur, Furusawa et al. 2010)

(ciąg dalszy na następnej stronie)

Tabela 1.1, ciąg dalszy

Catalyst	ZnO:TiO2 Stosunek	Morfologia	Metoda syntezy	Warunki syntezy	Zanieczyszczenie	Światło, λ(nm)	Czas min	Barwnik ppm	Cat g/L	Wydajność (Y) ZnO/TiO2	Y ZnO	Y TiO2	Sędzia sprawozdawca.
Nanofibra TiO2/ZnO	-	poli-nanokrystaliczny	Elektrospinning	550,650,750, 850°C, 2 h	RhB	UV-vis,420	60	1e-6 M	1	53.9, 86.8, 55.4, 36.2, 33.7	-	35.2	(Pei and Leung 2013)
ZnO/TiO2	Z:0,5,2,4,10%M	NP	Impregnacja na mokro	400°C, 2 h	Cr(VI)	UV-vis,365	-	20	1	Max forZnO:2%	-	-	(Ku, Huang et al. 2011)
ZnO/TiO2	1:1 MR	Mezoporowa płyta	Taśma Odlewanie i laminowanie	600,650,700/2h	RBR	UV	90	50	1	76.9, 68.5, 31.5	C700= 55	-	(Konyar, Yatmaz et al. 2012)
ZnO/TiO2	ZnO=6wt%	złożony	Sol-Gel i SS	500, 3h	MO	VIS, >400 UV	300 40	50	1	11.7 45.38	- -	- 76.4	(Yang, Yan et al. 2012)
ZnO/TiO2	2:0.1 M	NP	MW-Assisted	500, 0.5h	Cr(VI)	UV	240	10	1	29.5	42	-	(Liu, Pan et al. 2012)
ZnO/TiO2	1:1 (w/w)	NP	Chemikalia	100°C, 3 h	Diazinon	UV<390	120	20	0.5	12.7	-	-	(Jonidi-Jafari, Shirzad-Siboni et al.)
ZnO/TiO2	1,97:1,11 (w/w)	NP Runda-SH	Hydrotermiczny	180°C, 20 h	Cr(VI)	UV,365	120	10	0.5	16.3	10.9	-	(Johra and Jung 2015)
TiO2 powlekane ZnO	-	NP, nanorod	Sol-Gel	T: 70°C, 2-3h Z: 150°C	MB	UV, 365	20	5	0.5	98.9	Z: 67.3	-	(He, Li et al. 2010)
ZnO/TiO2	0,36:0,66 (w/w)	NP/NF	Elektrospinning	500°C, 4h	MB	UV,365	60	12.8	2.5	NP:25, NF: 31.6	NF:10	NF:7	(Wang, Yang et al. 2010)

Catalyst	ZnO:TiO2 Stosunek	Morfologia	Metoda syntezy	Warunki syntezy	Zanieczyszczenie	Światło, λ(nm)	Czas min	Barwnik ppm	Cat g/L	Wydajność (Y) ZnO/TiO2	Y ZnO	Y TiO2	Sędzia sprawozdawca.
ZnO/TiO2	Z:15,30,45,60wt%.	NF	Elektrospinning	500°C, 4h	RhB	Widoczny,420 UV,365	40 40	1e-6 M	0.5 1	78, 93, 83.2, 81 79	-	94.2	(Pei and Leung 2013)
TiO2/ZnO	Zn:Ti=1:3	NP Nieregularny	Sol-żel	350°C, 1h 150°C, 24h	MO	UV,254nm	3h	25e-6M	0.5	27.9 47.5	- -	-	(Xu, Wang et al. 2011)

(ciąg dalszy na następnej stronie)

Tabela 1.1, ciąg dalszy

Catalyst	ZnO:TiO2 Stosunek	Morfologia	Metoda syntezy	Warunki syntezy	Zanieczyszczenie	Światło, λ(nm)	Czas min	Barwnik ppm	Cat g/L	Wydajność (Y) ZnO/TiO2	Y ZnO	Y TiO2	Sędzia sprawozdawca.
ZnO/TiO2	Z:T=-	NP:Nano kwiat	Elektrospinning	250°C, 3h	MB	UV,365nm	120	25	0.8	68	46.1	58	(Pant, Pant et al. 2013)
ZnO/TiO2	1:1	NP	Sol-Gel	100°C, 3h	Cr(VI)	UV, 247,3nm	120	20	1	99.9	82.3	86.1	(Naimi-Joubani, Shirzad-Siboni et al.)
ZnO/TiO2	11.7:1 (Atomic R)	NP Nano kwiat	hydrotermiczny	140°C, 2h	RB5	UV,-	120	10	0.3	47.2	52.6	-	(Pant, Pant et al. 2013)
Rdzeń-szkieletka TiO2/ZnO	-	Nano przewody	deponowanie laserowe impulsowe	450°C, 1h	RhB	UV, 320-400	15,30 45,60	5e-6M		59.7,76.5 54.8,59	60 min, 32,2	31.9	(Tao, Wu et al. 2013)
TiO2-ZnO	1:1,1:2,1:3,1:4	NP na folii szklanej	roll-coating	120°C, 12h	MO	UV,300-600	120	10	0.01	57.6,65,73.5,80	46.5	87.8	(Jlassi, Chorfi et al. 2013)
ZnO/TiO2	96:4 atomowy R	NP, Nano kwiat	Hydrotermiczny	140°C, 2h	MB	UV,365nm	180	10	0.8	69.7	47.7	66.6	(Pant, Park et al. 2012)
ZnO/TiO2 NP	1:1,2:1	Malutka cząsteczka <10nm	Mikrofalówka		MB Cr2O72-	671nm UV	150	5e-6M	14	96.7, 94.3 33.8, 31	Zn2TiO4:91.6 Zn2TiO4:4.7	-	(Arin, Thongtem et al. 2013)
TiO2/ZnO cienka warstwa	-	TiO2:Nanorod na ZnO warstwa buforowa	deponowanie laserowe	Z: 200°C, 0,5h T: 600°C, 1h	MO	VIS	10h	20	-	32.9	25.5	19	(Zhao, Xia et al. 2012)

TiO2/ZnO	Zn:Ti=1:1	NP Nieregularny	Sol-Gel	500,600,700°C,2h	MO	UV,254nm	3h	25e-6M	0.5	30.8, 34.2, 54.8	-	-	(Wang, Mi et al. 2013)
ZnO-TiO2	7.5%:92.5%	NP	synteza indukowana amoniakiem	450°C, 4h	MO	UV-A,365nm	30	50	0.8	41.2	-	81.8	(Karunakaran, Abiramasundari et al. 2011)
					SSY					68.9		93.0	
					RHB					44		99.4	

Uwaga: MO: Pomarańczowy metylenowy, MB: Niebieski metylowy, 4CH: 4chlorofenowy, RhB: Rodamina B.
RBD: Remazol Brilliant Red, RB5: reaktywny czarny 5, OG: Orange G, 4NPh 4-nitrofenol,
SSY: SunSet Yellow, T:TiO2, Z:ZnO.
SS: Solid-State, MW:MicroWave, SH: Sh: Shaped, R:Raio.
NF: Nano Fiber, NW: Nano Wire, NP: Nano Particle.

Najważniejsze prace nad fotokatalizatorem TiO2/ZnO z ostatnich pięciu lat wymieniono w tabeli 1.1. Tabela ta podsumowuje najważniejsze wyniki różnych prac badawczych mających na celu zbadanie wpływu szeregu zmiennych na sieć TiO2/ZnO, np. metoda syntezy, temperatura kalcynacji, stosunek TiO2:ZnO, czas reakcji fotokatalizy, napromieniowanie światłem itp. Zgodnie z tabelą 1.1, TiO2/ZnO najczęściej syntezowano w temperaturach od 100 do 500°C. W zależności od stosunku TiO2 do ZnO, wzrost temperatury powyżej 500°C powoduje w większości przypadków zmniejszenie fotoaktywności siatki TiO2/ZnO. W odniesieniu do czasu kalcynacji sugeruje się, że kalcynacja w niższych temperaturach, ale przy dłuższym czasie trwania daje korzystniejsze wyniki. Stosunek TiO2 do ZnO jest kolejnym efektywnym czynnikiem. Zgodnie z tabelą 1.1. optymalny stosunek TiO2:ZnO daje najwyższą fotooaktywność TiO2/ZnO w zależności od zastosowanej metody syntezy i warunków. Krótko mówiąc, TiO2/ZnO wykazuje wyższą fotokatalityczną degradację większości zanieczyszczeń organicznych w porównaniu z czystym TiO2 lub ZnO. Należy jednak zauważyć, że większość prac została przeprowadzona z wykorzystaniem promieniowania UV, co wskazuje na to, że nadal istnieje możliwość poprawy, tak aby siatka TiO2/ZnO mogła być efektywnie wykorzystana do fotokatalizy światła widzialnego. Dodatkowe szczegóły podano w tabeli 1.1.

1.5 TiO2 i fotokatalizator ZnO

TiO2 i ZnO to dwa najbardziej obiecujące fotokatalizatory. Jednak ich szerokie pasmo ogranicza ich aktywność fotokatalityczną w zakresie długości fal UV, która stanowi 3-5% całkowitego spektrum słonecznego (Zheng i in. 2015). Kolejnym ograniczeniem tych dwóch półprzewodników jest szybka rekombinacja fotogenicznych par elektronowo-otworowych. Jest to istotne w przypadku braku dawców lub akceptorów elektronów, ponieważ powoduje to duże straty energii i bardzo niską wydajność reakcji fotokatalitycznej. W związku z tym, zwiększenie aktywności fotokatalitycznej TiO2 i ZnO było badane przez wielu badaczy (Wang et

al. 2013a).

Wyniki wykazały, że połączenie dwóch półprzewodników daje w większości przypadków kompozyt o wyższej sprawności fotokatalitycznej. Efekt synergiczny pomiędzy dwoma półprzewodnikami modyfikuje stany elektroniczne kompozytu, pozwalając na przenoszenie fotogeneratywnych nośników ładunku pomiędzy dwoma półprzewodnikami, wspierając w ten sposób separację pary elektronów i modyfikując żywotność nośnika. W porównaniu z TiO2, ZnO ma większą mobilność elektronów, co powoduje negatywne przesunięcie jego walencji i potencjałów pasma przewodzenia. W związku z tym ZnO jest uważane za odpowiednie do sprzęgania z TiO2 (Shaheen i in. 2013). Poza tym, ponieważ ZnO i TiO2 mają podobną energię szczeliny pasmowej, mogą skutecznie poprawiać swoje właściwości fotokatalityczne. W heterojunkcji TiO2-ZnO, pasmo przewodzenia (CB) ZnO jest umieszczone nad CB TiO2, a pasmo falbany (VB) ZnO jest umieszczone pomiędzy VB i CB TiO2, co tłumi rekombinację pary elektronów i sprzyja jej separacji, a w konsekwencji poprawia aktywność fotokatalityczną. Jako przykład można podać dwuskładnikowe katalizatory tlenkowe ZnO-TiO_2, które w badaniach Pozana i wsp. (Pozan and Kambur 2014)...) zostały następnie użyte do degradacji 4-chlorofenolu, a autorzy wskazali, że 20wt% ZnO-TiO_2 fotokatalizator wykazuje znacznie wyższą aktywność fotokatalityczną niż czyste TiO_2, ZnO i P-25. W innej pracy Zheng et al (Zheng, Li et al. 2015) przygotował heterostrukturę kryształu fotonicznego ZnO/TiO2-PC za pomocą pirolizy. Autorzy ocenili działanie ZnO/TiO2-PC na degradację pomarańczy metylowej. Stwierdzili, że zsyntetyzowana heterostruktura wykazuje wyższą aktywność fotokatalityczną w porównaniu z ZnO, TiO2-PC i P25. Zsyntetyzowano również amorficzną błonę nanorodową ZnO2 modyfikowaną TiO2 w celu zwiększenia aktywności fotokatalitycznej błony ZnO przez Xiao et al. (Xiao, Zhao et al. 2014). Analiza fotokatalityczna wykazała, że błona modyfikowana TiO2 wykazywała wyższą efektywność fotokatalityczną w procesie rozkładu oranżu metylowego pod wpływem ultrafioletowego wzbudzenia w porównaniu z tablicami nanorodów ZnO. Wang i wsp. (Wang, Zhu et al. 2014) przygotował mezoporową mikrokulę ZnO/TiO2 wydrążoną tępym, jednoetapowym szlakiem hydrotermicznym bez szablonu. Autorzy stwierdzili, że mikrokulki wgłębne ZnO/TiO2 mają istotny pozytywny wpływ na wydajność degradacji fotokatalitycznej w porównaniu z nieskazitelnymi mikrokulami wgłębnymi TiO2 lub nanokulami ZnO.

Inne strategie zostały również opracowane w celu wykorzystania szerokiego spektrum incydentalnych energii fotonów poprzez dostosowanie absorpcji szczeliny pasmowej różnych fotokatalizatorów, takich jak TiO2 i ZnO, poprzez domieszkę jonów metali/niemetali, współdoping z jonami obcymi, osadzanie metali szlachetnych, samodoping, uczulanie przez kompleksy nieorganiczne lub barwniki organiczne oraz kompleksowanie powierzchni. Wśród wyżej wymienionych metod, włączenie głównych pierwiastków grupy (zwłaszcza jonów metali i niemetali) do sieci TiO2 lub ZnO zyskało wiele uwagi ze względu na zdolność tych pierwiastków do modyfikacji właściwości elektroniki powierzchniowej. Stany energetyczne redoks jonów metali przejściowych (np. Cu, Co, Ni, Cr, Mn, Mo, Nb, V, Fe, Ru, Au, Ag, Pt) w większości przypadków mieszczą się w stanach szczelinowych TiO2 lub ZnO. Wprowadza to stan wewnątrzpasmowy zbliżony do krawędzi CB lub VB, który indukuje pochłanianie światła widzialnego przy energiach podzakresowych szczeliny. Ponadto jony metali wpływają na stężenie nośnika ładunku, służąc jako pułapki z otworami elektronowymi i zwiększając szybkość degradacji. Jak donosi Yi et al (Yi, Cui et al. 2014), gatunki metali zwiększają zdolność wychwytywania elektronów przez półprzewodniki. W pracy Yi et al. (nanokwatyYi, Cui et al. 2014) tlenku cynku z domieszką żelaza były syntezowane w prostym procesie hydrotermicznym. Wykazały one zwiększoną aktywność fotokatalityczną w świetle widzialnym.

Fotokatalityczna aktywność światła widzialnego dwutlenku tytanu może być poprawiona przez niemetalowy doping. Jeśli chodzi o doping niemetalowy (np. N, S, C, B, P, I, F) (Szkoda i in. 2016), do modyfikacji TiO2 zaproponowano trzy metody: zawężenie luki pasmowej (Sun i in. 2012), poziomy energii zanieczyszczeń (Di Valentin i Pacchioni 2013) oraz wakaty tlenowe (Bharti i in. 2016). Yalçın i in. (2010) przygotowali serię N, C i Sdoped.

fotokatalizatory o różnej zawartości domieszek przy użyciu prostej metody impregnacji na mokro. Wyjaśnili oni, że obniżenie poziomu energii pasmowej wynika z udziału orbit N 2p, C 2p i S 3p w stanach O 2p i Ti 3d w pasmie falbany dwutlenku tytanu. Di Valentin i Pacchioni (2013) dodali do TiO2 niemetaliczny bor, węgiel, azot i fluor. Wyniki wykazały, że w szczelinie pasmowej materiału tworzą się stany zlokalizowane, które pozwalają na elektroniczne przejścia w zakresie widzialnym. Spośród wszystkich, azot niemetalowy jest najkorzystniejszy ze względu na niską energię jonizacji, metastabilne tworzenie się ośrodka, stabilność i rozmiar atomowy porównywalny z tlenem. Występowanie wakatów tlenowych w TiO2 z domieszką N może poprawić fotokatalizację w świetle widzialnym (Wu i in. 2013). Azot zastępczy wpływa zarówno na strukturę powierzchniową, jak i właściwości elektroniczne TiO2, przy czym pierwsze z nich kontrolują powierzchniowe przenoszenie nośników ładunku, a drugie określają zakres reakcji świetlnej i moc redoks nośników (Asahi i in. 2001).

Ostatnio równolegle rozważano dwie metody mające na celu dalszą poprawę fotoaktywności TiO2 i ZnO. Spośród wymienionych metod, heterojunkcja dwóch fotokatalizatorów wraz z domieszką metali lub niemetali zyskała duże zainteresowanie zwiększeniem fotoaktywności różnych fotokatalizatorów. Związane z tym prace podsumowano w tabeli 2.2. Tabelaryczne informacje wskazują jedynie na aktywność fotokatalityczną fotokatalizatorów opartych na TiO2/ZnO na degradacji barwnika (El-

Shobaky, Ahmed et al. 2006). Więcej szczegółów można znaleźć w najnowszych przeglądach fotokatalizatorów opartych na ZnO- i TiO2 (Zhang, Tang i in. 2010, Chen, Zhang i in. 2013, Han, Yang i in. 2014, Yang, Zhang i in. 2014).

Tabela 1.2: Przegląd fotokatalizatorów z domieszką ZnO-TiO2 w procesie degradacji zanieczyszczeń wody.

Fotokatalizator Metoda syntezy Związki / Ratio	Suszenie i Kalkulacja Temperatura i czas	Morfologia	Działalność analizowana przez rozkład	Związek	Wydajność fotokatalityczna	Cel/wynik	Ref.
N-TiO2/ZnO Metoda solno-żelowa C12H28O4Ti (TTIP) Zn(O2CCH3)$_2$ NH4OH TiO2: ZnO = 50:50wt%	D: 80 °C/- C: 380°C/ 5 h C: 500°C/ 5 h C: 380°C/ 5 h C: 500°C/ 5h	niejednorodne nanokryształy	Benzen (B), Toluen (T), Ksyleny (X) D: 100 mg/L C: 1,0 g/L Światło widzialne Czas: 2h	 TiO2/ZnO TiO2/ZnO N-TiO2/ZnO N-TiO2/ZnO	B T X 55.2 54.3 50.9 63.1 60.5 54.9 73.9 71.4 69.0 85.9 87.1 86.3	• Doping azotowy spowodował czerwone przesunięcie pasma absorpcji wpływające bezpośrednio na fotokatalizę • Wyżarzanie w temperaturze 500°C było konieczne, aby wywołać powstawanie krystaliczności • Degradacja i szybkość reakcji została wzmocniona przez włączenie azotu do matrycy TiO2. • Degradacja została wzmocniona przez temperaturę kalcynacji.	(Ferrari-Lima, de Souza et al. 2015)
Er3+:YAlO3/Fe-TiO2/ZnO Metoda solno-żelowa z zastosowaniem ultradźwięków (C4H9O)4Ti Zn(O2CCH3)$_2$ Fe(NO3)$_{3\text{-}9H2O}$, Al(NO3)$_{3\text{-}9H2O}$ TiO2:ZnO=10:3 Fe:Ti stosunek molowy=1.00%.	D: 130 °C / 24 h C: 550 °C/50 min.	Cząsteczki pęcherzyków powietrza Rozmiar: 0,5-1,0 µm	Kwaśna czerwień B D: 10 mg/L C: 1,0 g/L Światło słoneczne Czas: 30 min.	Er3+:YAlO3 0% 1% 2% 3% 4% 5%	 74% 78%, 80% 82% 84% 79.5%	• Degradacja na podstawie temperatury kalcynacji: 400>550>700. • Degradacja na podstawie czasu kalcynacji: 50>30>70min. • Degradacja na podstawie stężenia barwnika: 15 >10 >20>5>25mg/L • Degradacja w oparciu o ilość katalizatora: 1>>1,25>0,75>0,5>0,25>0g/L. • Degradacja dla różnych barwników: CG-R>AF>MV>MO>RM-B	(Gao, Luan et al. 2011)
Mn-TiO2/ZnO Mn-TiO2(Core), ZnO (Shell) Sol-Gel Metoda z zastosowaniem glikolu polietylenowego (PEG) 4,000 lub 20,000 Zn(O2CCH3)$_2$ Nanoproszek MnTiO3 MnTiO3:ZnO=1:22	D: 80 °C f: 6 h C: 500 °C: 2 h	Nano-sferyczne cząstki rdzenia-poszewki Rozmiar: 20-40 nm	Błękit metylenowy D: 0,025 g C: 9,3 mg/L O2(przepływ powietrza):7,8 mL/S Światło UV A Czas: 60 min.	Mn-TiO2 Mn-TiO2/ZnO (PEG 4k) Mn-TiO2/ZnO (PEG 20k)	6% 46% 80%	• Odporność nanocząstek rdzenia i powłoki jest mniejsza niż nanocząstek czystego ZnO. • Bezpośrednia szczelina pasma była rzędu Mn-TiO2 >Mn-TiO2/ZnO. • Pośrednia luka w paśmie była rzędu Mn-TiO2 $_{\text{-Mn-TiO2/ZnO}}$. • Przewodność właściwa była rzędu Mn-TiO2> Mn-TiO2/ZnO>ZnO.	(Karunakaran, Vinayagamoorthy et al. 2013)
SO42--TiO2/ZnO (S-T/Z) Metoda Sol-Gel zmodyfikowana przez obróbkę siarczanową tytanian *n-butylu*	D:80°C/48h Obróbka: 200°C /1h Siarczanowa	---	Pomarańcza metylowa D: 0, -1 g/L C: 10 g/L Światło	Temp kalkulacyjny 300 400 500	T/Z S-T/Z 51.4 - 55.6 59.7 50.7 61.4 48.5 63.3	• Po zasiarczeniu aktywność katalityczna ZnO/TiO2 (400°C,4h) poprawiła się o prawie 30%, a samo wytworzone czyste TiO2 (400°C,4h) o około 24%. • Im silniejsza kwasowość, tym większa aktywność katalityczna.	11a

(ciąg dalszy na następnej stronie)

C10H14O4Zn - xH2O C6H8O7 ZnO=10%	nie suchy żel w temperaturze 200°C C: 400°C/4 hC: 550°C/4 h		widzialne Czas:5h	550 600 700	46.8 56.8 45.2 46.6		

Tabela 1.2, ciąg dalszy

Fotokatalizator Metoda syntezy Związki / Ratio	Suszenie i Kalkulacja Temperatura i czas	Morfologia	Działalność analizowana przez rozkład	Związek	Wydajność fotokatalityczna	Cel/wynik	Ref.
N-ZnO/TiO2 rozkład azotanu cynku i mielenie kulek TiO2 w N-ZnO TiO2 (100% anataza) Zn(NO3)$_{2\text{-}6H2O}$ ZnO=0-20wt%	Zn(NO3)$_{2\text{-}6H2O}$ Rozłożone @ 300 350°C/1h/powietrze N-ZnO/TiO2 D:110°C/powietrze	cząsteczki w kształcie kulek Rozmiar: 20-40 nm	Redukcja Cr2O72- D: 2,9×10-4(mol/l) Utlenianie MO D: $1,0\times10^{-4}$(mol/l) C: 2g/L światło UV Czas: 20min.	p-ZnO :wt% 0.0 0.5 1.0 2.0 5.0 10 20	Cr2O72- MO 16.3 68.5 23.9 45.9 37.7 33.9 42.9 26.4 35.7 21.6 26.2 19.9 22.1 13.3	• W porównaniu doTiO2, fotokatalizator p-n z węzłem N(p)-ZnO/TiO2 ma większą redukcję fotokatalityczną, ale mniejszą aktywność utleniania. • Aktywność fotoredukcyjna jest zmniejszona po optymalnym stężeniu domieszki N(p)-ZnO. • Wydajność fotoutleniania gwałtownie spadła wraz ze wzrostem czasu frezowania kulek. • Wydajność fotoredukcji zwiększała się stopniowo wraz ze wzrostem czasu frezowania kulek do 12 h.	(Chen, Zhao et al. 2008)
N- TiO2/ZnO Metoda solno-żelowa i obróbka amoniaku (C4H9O)4Ti Zn(O2CCH3)$_2$ Ti:Zn=3:1 (atomowy stosunek molowy)	D: 80 °C: 2 h C: 500 °C: 2 h C: 600 °C: 2 h C: 700 °C: 2 h	niejednolity Średnica~15 nm	Pomarańcza metylowa D: 0,025 mmol/L, C: 0,5g/L Światło UV A Czas: 3 h	NH3 frakcja masowa 0% 7% 28%	NH3 0% 7% 28% 41 56 60 35 68 78 42 66 71	• Wzrost temperatury kalcynowania z 500 do 700, krystalizacja cząsteczek mocy kompozytu była faktycznie promowana. • Dzięki procesowi obróbki amoniakiem, fazowa transformacja anatazy w rutyl został opóźniony.	(Tian, Wang et al. 2009)
Er3+:YAlO3/TiO2-ZnO zol-żel pod działaniem ultradźwięków i metodą automatycznego spalania TiO2 (faza anatazowa) ZnO (faza cynkowa) Er2O3 Y2O3 Al(NO3)$_{3\text{-}9H2O}$	Er3+:YAlO3 D:85°C C: 1200°C/2 h Er3+:YAlO3/TiO2-ZnO C:350,550,750 °C /30,60,90 min.	Ziarniste kuleczki Rozmiar: 20-30 nm	Barwnik Acid Red B D:10 mg/L C:1.0g/L Pod ultradźwiękami w ciemności Czas: 150 min.	Er3+:YAlO3=5 % Ti: Zn = 9:1 7:3 1:1 3:7 1:9	Obliczone w temperaturze 550C W ciągu 60 minut 54.0 64.7 76.2 61.7 43.6	• Sonokatalizatory Er3+:YAlO3/TiO2 i Er3+:YAlO3/ZnO miały wyższą aktywność sonokatalityczną w porównaniu z katalizatorami syntezowanymi bez ultradźwięków. • Degradacja na podstawie temperatury kalcynacji: 350~550>750°C. • Degradacja na podstawie czasu reakcji: 90>>60>30. • Degradacja na podstawie Ti:Zn: 1:1>>7:3~3:7>9:1>1:9. • Degradacja na podstawie zawartości Er3+:YAlO3: 20>15>25>10>5>0wt.	(Wang, Li i in. 2010, Gao, Jiang i in. 2011)

						• Degradacja na podstawie kwasowości roztworu: 3>5>7>9>11.	
Proces hydrotermiczny Ag-TiO2/ZnO TiO2 (80% anataza, 20% rutylu) $Zn(NO_3)_2 \cdot 6H_2O$ AgNO3 ZnO: TiO2: Ag= 88.6:8.6:2.7 wt%.	Hydrotermiczny w autoklawie @ 140°C/2h D: 130°C/12h/po wietrze	Ag & TiO2 na słoneczniku, w kształcie, mikro wielkości ZnO 	Reaktywny czarny 5 D: 10 ppm, C: 0,4 g/l światło UV Czas: 210 min.	Nieskazitelne ZnO TiO2/ZnO Ag- TiO2/ZnO	65.4% 69.6% 80.4%	• Efektywność początkowo użytego i ponownie użytego fotokatalizatora kompozytowego do trzech cykli nieznacznie się zmniejszyła (2%) w każdym zastosowaniu recyklingowym. • Przygotowany fotokatalizator na gram ujemnych bakterii E. *coli* pod lekkim (20% natężenia) promieniowaniem UV był również istotnie skuteczny z rzędu Ag- TiO2/ZnO>> TiO2/ZnO> ZnO.	(Pant, Pant et al. 2013)

(ciąg dalszy na następnej stronie)

Tabela 1.2, ciąg dalszy

Fotokatalizator Metoda syntezy Związki / Ratio	Suszenie i Kalkulacja Temperatura i czas	Morfologia	Aktywność analizowana przez rozkład:	Związek	Wydajność fotokatalityczna	Cel/wynik	Ref.
Er3+:YAlO3/TiO2-ZnO zol-żel pod działaniem ultradźwięków i metodą automatycznego spalania TiO2 (faza anatazowa) ZnO (faza cynkowa) Er2O3 Y2O3 $Al(NO_3)_3 \cdot 9H_2O$	Er3+:YAlO3 D:85°C C: 1200°C/2 h Er3+:YAlO3 /TiO2-ZnO C:350,550,750°C /30,60,90 min.	Ziarniste kuleczki Rozmiar: 20-30 nm 	Barwnik Acid Red B D:10 mg/L C:1.0g/L Pod ultradźwiękami w ciemności Czas: 150 min.	Er3+:YAlO3=5 % Ti: Zn = 9:1 7:3 1:1 3:7 1:9	Obliczone w temperaturze 550C W ciągu 60 minut 54.0 64.7 76.2 61.7 43.6	• Sonokatalizatory Er3+:YAlO3/TiO2 i Er3+:YAlO3/ZnO miały wyższą aktywność sonokatalityczną w porównaniu z katalizatorami syntezowanymi bez ultradźwięków. • Degradacja na podstawie temperatury kalcynacji: 350~550>750°C. • Degradacja na podstawie czasu reakcji: 90>>60>30. • Degradacja na podstawie Ti:Zn: 1:1>>7:3~3:7>9:1>1:9. • Degradacja na podstawie zawartości Er3+:YAlO3: 20>15>25>10>5>0wt. • Degradacja na podstawie kwasowości roztworu: 3>5>7>9>11.	(Wang, Li i in. 2010, Gao, Jiang i in. 2011)

CeO2/ La2O2-TiO2/ZnO Metoda solno-żelowa tytanian tetrabutylu Zn(NO3)$_{2\text{-}6H2O}$ La(NO3)$_{3\text{-}6H2O}$ Ce(NO3)$_{3\text{-}6H2O}$ TiO2:ZnO=85:15wt%	500°C/2 h 600°C/2 h 700°C/2 h	---	---	CeO2: La2O2: 0.0wt%,0.0wt% 0.5wt%,0.5wt% 1.0wt%,1.0wt% 1.5wt%,1.5wt% 2.0wt%,2.0wt%	---	• Doping La3+/Ce3+ obniżył temperaturę przemiany żelu w anatazę, natomiast zwiększył temperaturę przemiany anatazy w rutylu. • Wraz ze wzrostem zawartości Ce3+, temperatury przemiany żeli w anatazę i anatazę w rutyl, odpowiednio, wykazują lekki wzrost, a następnie tendencję spadkową. • Wraz ze wzrostem zawartości La3+, obie temperatury transformacji z grubsza utrzymują się niezmiennie.	(Liao, Donggen et al. 2004)
Ag/ZnO-TiO2 Metoda Sol-Gel pod mikrofalami (m) i obróbką hydrotermiczną (c) Zn(Ac)$_{2\text{-}2H2O}$,Ac AgNO3 C12H28O4Ti	c-Ag/ZnO-TiO2 Hydrotermic zny w autoklawie @ 200°C/6h m-Ag/ZnO-TiO2 D: 80°C C:500°C/7 h	materiały nanokompozyto we	Rodamina B D:50mg/L,C: 1.7g/L Symulowane światło słoneczne (SS), światło widzialne (VL), mikrofalowe napromieniowa nie (MI) Czas: 30 min.	Fioioliza P25 m-ZnO m-ZnO-TiO2 c-Ag/ZnO-TiO2 m-Ag/ZnO-TiO2	SS VL MI 5.0 5.3 52.2 6.2 7.6 55.5 10.3 21.2 63.3 17.6 31.2 74.3 21.7 45.9 76.0 26.6 61.0 81.9	• m-Ag/ZnO-TiO2 miał regularny kształt o gładkiej powierzchni, natomiast surafec c-Ag/ZnO-TiO2 był szorstki o nieregularnym kształcie. • m-Ag/ZnO-TiO2 wykazywała stabilną fotoaktywność w świetle ultrafioletowym po trzech cyklach eksperymentu. • Synteza wspomagana mikrofalami zwiększyła rozmiary cry-talitu i powierzchnię właściwą BET, zmniejszyła luki energetyczne próbek. • Aktywność fotokatalityczna dla różnych barwników: MB>CV>RB>MO.	(Li, Zhang et al. 2014)

(ciąg dalszy na następnej stronie)

Tabela 1.2, ciąg dalszy

Fotokatalizator Metoda syntezy Związki / Ratio	Suszenie i Kalkulacja Temperatura i czas	Morfologia	Działalność analizowana przez rozkład	Związek	Wydajność fotokatalityczna	Cel/wynik	Ref.
Au nanocząsteczki na TiO2/ZnO Electrospinning (dla nanowłókien TiO2/ZnO) i redukcja in situ (do osadzania ananocząstek) Ti(OC4H9)$_4$, Zn(Ac)$_2$ HAuCl4Ti:Zn=1:1molar ratio,Au:10.5wt%.	ZnO/TiO2 C:500°C/2h/po wietrze Au- ZnO/TiO2 D:40°C/24h/ Próżnia	Nanowłókna Rozmiar: 80-120 nm	MO, 30 min 4 nitrofenol,40 min, D: 10 mg/L C: 0,1g/L Napromieniowa nie światłem UV	 ZnO TiO2 ZnO/TiO2 Au-ZnO/TiO2	MO 4-NP 97.0% 96.9% 85.2% 70.0% 52.7% 29.6% 50.0% 30.6%	• Luka w paśmie TiO2/ZnO NF i TiO2/ZnO/Au NF została zmniejszona do 3,16 i 3,17eV z 3,26eV nieskazitelnego NF ZnO. • Stabilna fotoaktywność została zaprezentowana przez Au-TiO2/ZnO po trzech cyklach eksperymentów.	(Zhang, Shao et al. 2012)

RGO-TiO2/ZnO redukcja tlenku grafitu (GO) na bazie roztworu Zn(CH3COO)2-2H2O TiF4 Tlenek grafitu (GO)	180◦C przez 20 h.	Cząstki TiO2&ZnO osadzone w RGO	Fotoredukcja Cr(VI) D: 10 mg/L C: 1g/L Napromieniowanie UV 120 min	ZnO ZnO/TiO2 RGO-ZnO/TiO2 RGO=17wt% RGO-ZnO/TiO2 RGO=42wt%	11% 17% 41% 63%	• ZnO i TiO2 cząsteczki zostały rozproszone na RGO za pomocą chemicznego wiązania, które przyczyniło się do złuszczania GO. • Reakcja fotoprądu również wzrosła wraz ze wzrostem współczynnika RGO. • Przy wzrastającym stosunku masy RGO w kompozycie, szybkość fotokatalizy osiągnęła prawie 8,97 razy więcej niż szybkość dla czystego ZnO.	(Johra and Jung 2015)
SnO2-ZnO/TiO2 Metody sol-żel (SG) i półprzewodnikowe (SS) C16H36O4Ti SnCl4.5H2O (CH3COO)2Zn-2H2O Sn:Zn=1:1	D:80°C/1h C: 500°C /3h Sn: Zn=1:1 (MR) Sn(Zn)/Ti stosunek molowy 0,05	Niejednolita	Pomarańcza metylowa D: 10 ppm C: 1g/L SG syntetyzowany Widoczne światło Czas:3h światło UV Czas:40 min. Syntezowany SS Światło widzialne Czas:4h	Współczynnik biegunowości Sn(Zn):Ti-0.05 Sn(Zn):Ti-0.10 Sn(Zn):Ti-0.15 Sn(Zn):Ti-0.20 Sn/Ti-0,15 Zn/Ti-0,15 Wt%Sn(Zn):Ti-3wt%Sn(Zn):Ti-6 wt% Sn(Zn):Ti-9wt%	SG/Vis SG/ UV 48.0% 84.9% 25.8% 71.8% 12.9% 53.2% 25.8% 61.9% 43.5% 44.9% 48.0% 74.3% Syntezowany SS 24.6% 26.8% 22.9%	• Szybkość degradacji dla fotokatalizatora syntezowanego SS na podstawie stosunku wagowego SnO2 i ZnO do TiO2: 6 wt%>3 wt% >9 wt%. • Złożone katalizatory syntezowane metodą zol-żel reprezentowały znacznie silniejszą aktywność fotokatalityczną niż katalizatory syntezowane metodą półprzewodnikową. • Jony Sn i Zn domieszkowane w TiO2 promowały zmianę fazy z anatazowej na rutylową TiO2 w zakresie temperatury wyżarzania od 400 ◦C do 600 ◦C • Próbka podgrzana do temperatury 500 ◦C wykazywała główną strukturę rutylu, z kilkoma szczytami anatazowymi.	(Yang, Yan et al. 2012)
ZnO-Bi2O3-TiO2 Metoda trasy półprzewodnikowej ZnO Bi2O3 TiO2 proszek ZnO: Bi2O3: TiO2 proszek= 99: 0,5: 0,5 mol%.	D: 70°C/powietrze C: 800°C/2h/powietrze	Ziarna nieregularne Rozmiar: 26 do 38,4 µm	_	spiekany w 1140°C 1170°C 1200°C 1230°C 1260°C	Energia szczeliny pasmowej 2,95eV 2,98eV 2,96eV 2,92eV 2,94eV	• Wraz ze wzrostem temperatury spiekania zwiększyła się nieprawidłowość i średnia wielkość ziarna. • Doping TiO2 w systemie ZnO-Bi2O3 nieznacznie redukuje ilość bakterii z rodzaju *Eg*. • Energia szczeliny optycznej taśmy maleje wraz ze wzrostem temperatury spiekania.	(Sabri, Azmi et al. 2011)

(ciąg dalszy na następnej stronie)

Tabela 1.2, ciąg dalszy

Fotokatalizator Metoda syntezy Związki / Ratio	Suszenie i Kalkulacja Temperatura i czas	Morfologia	Działalność analizowana przez rozkład	Związek	Wydajność fotokatalityczna	Cel/wynik	Ref.
Włókna węglowe (C)nano udekorowane dwuskładnikowym włóknem TiO2/ZnO (T/Z) połączonym z obróbką elektrospinningową i hydrotermiczną TiO2 (80% anataza, 20% rutylu) Proszek cynku i Zn(NO3)2-6H2O Bis-Hexa metylen Triaminowy węgiel (C)	Suszony próżniowo w temperaturze 70°C/12h stabilizowany w powietrzu w temperaturze 250°C/3h zwęglony pod argonem w temperaturze 900°C/5h	(T/Z) nano kwiaty na (C) nano włókna, Wielkość: 470nm	Błękit metylenowy (MB) D: 10 ppm C: 0,8g/L pod wpływem promieniowania UV Czas:150 min.	ZnO TiO2 ZnO/TiO2 C-ZnO/TiO2	46.9% 62.6% 69.4% 99.8%	• Połączenie wysokiej powierzchni nanowłókien węglowych i właściwości fotokatalitycznych systemu TiO2/ZnO stanowi katalizator szybkiej degradacji wraz z działaniem antybakteryjnym. • C- TiO2/ZnO wykazywało stabilną aktywność fotokatalityczną do prawie dwóch cykli, po czym aktywacja spadła o około 10% w trzecim cyklu.	(Pant, Pant et al. 2013)
Zn-TiO2/ZnO elektrospinowanie nanowłókien TiO2 (anataz) i chemicznego osadzania par metaloorganicznych C12H28O4Ti Zn(tta)2tmeda jony cynku(II)	Nano-struktura powłoki ZnO 600°C/1h/powietrze Zn-doped TiO2 500°C/3h/powietrze	ZnO nanocząsteczk i na nanowłóknie Zn-TiO2	_	Zn/Ti% 3% 5% 15%	_	• Po zwiększeniu zawartości Zn w nanowłóknach, cecha ta nieco przesunęła się w kierunku niższej energii wiązania. • Po zwiększeniu obciążenia ZnO i/lub czasu kalcynacji, kształt ZnO został zmieniony z nanoziarnistych na nanopręty. • Nanawłókna TiO2-ZnO z domieszką Zn miały powierzchnię bogatą w hydroksyl i wykazywały intensywną emisję w regionach UV-Vis, stanowiąc potencjalnie atrakcyjny system dla fotokatalizatorów.	(Fragala, Cacciotti et al. 2010)
Ni-ZnO/TiO2 Podejście Sol-Gel tytanian tetraetylu Zn(NO3)2-6H2O Ni(NO3)2-6H2O Obciążenie ZnO=8wt%	D: 100°C/12h C: 450°C/2h/ w mikrofalówce Piec	Nano ziarna Rozmiar:10-20 nm	genialny niebieski reaktywny C:1g/L D: 50 mg/L symulowane światło słoneczne Czas:120 min.	TiO2 Ni(0.1)-ZnO/TiO2,Ni(0.3)-ZnO/TiO2 Ni(0.4),ZnO/TiO2 Ni(0.5) ZnO/TiO2 Ni(0.7)-ZnO/TiO2	32.86% 52.36% 56.24% 60.91% 51.96% 46.22%	• Ni rozszerzył absorpcję światła TiO2 do obszaru widzialnego, zwiększył ilość powierzchniowych grup hydroksylowych i fizycznie adsorbował tlen, a następnie zwiększył szybkość separacji fotogeneratorów. • Szybkość fotodegradacji pomarańczy metylowej (MO) w stosunku do domieszki niklu ZnO-TiO2 jest mniejsza niż KN-R. • Fotodegradacja na podstawie kwasowości roztworu: 4>8>10. • Fotodegradacja w oparciu o obciążenie katalizatora 1,25~1,1>>0,75>0,5 g/L.	(Zou, Dong et al. 2014)

Tabela 1.2 przedstawia heterojfunkcję dwóch fotokatalizatorów, dwutlenku tytanu i tlenku cynku, wraz z domieszką metali lub niemetali w celu poprawy aktywności fotokatalitycznej. W odniesieniu do dopingu niemetalowego zaproponowano azot (N). Temperatura kalcynacji ma również wpływ na strukturę krystaliczną, przy czym kalcynowanie w temperaturze 500◦C jest konieczne do wywołania powstania domieszki krystalicznej. Aktywność fotokatalizatora i szybkość degradacji można zwiększyć poprzez włączenie N do matrycy ZnO/TiO2. Ponadto, domieszkowanie jonów metali takich jak Fe, Mo i Ag przesuwa krawędź absorpcji obu fotokatalizatorów w kierunku obszaru widzialnego i zwiększa aktywność fotokatalityczną.

1.6 TiO2 Fotokatalizator

Dwutlenek tytanu (TiO2), półprzewodnik typu n, jest jednym z najbardziej odpowiednich fotokatalizatorów, który może być używany w szerokim zakresie zastosowań, takich jak generacja H2, samoczyszczenie, rozmgławianie, oczyszczanie wody, oczyszczanie powietrza, sterylizacja, itp. Robinson, McMullan et al. 2001)TiO2 jest nietoksyczny, obfity, ekonomiczny, wszechstronny i stabilny (Krumme and Boyd 1988, Aviam, Bar-Nes et al. 2004). Ogólnie rzecz biorąc, TiO2 jest półprzewodnikiem z szeroką szczeliną pasmową ($E_g = 3.0 \sim 3.2eV$), który wymaga światła wzbudzającego o długości fali mniejszej niż 400 nm ($E_g = hc/\lambda \cong 1240/\lambda$), aby rozpocząć fotoreakcję (Fujishima, Rao i in. 2000, Carp, Huisman i in. 2004). Kiedy powierzchnia TiO2 (lub dowolnego innego fotokatalizatora) jest napromieniowana światłem UV, elektrony (e_{CB}^-) i otwory (h_{VB}^-) powstają odpowiednio w pasmach przewodzenia (CB) i walencji (VB) (Gaya and Abdullah 2008). Wytworzone elektrony i otwory są następnie uwięzione i rekombinacja ze sobą. Krótko mówiąc, procedura tworzenia fotoindukcji przebiega w czterech etapach, którymi są: fotoelektryzacja (równanie 1-4), pułapka na nośnik ładunku ^{e} (równanie 1-5), pułapka na nośnik ładunku $h+$ (równanie 1-6) i rekombinacja elektronów (równanie 1-7):

$TiO2_{(aq)} + hv \rightarrow {}^{e-} + h+$ (1–4)

${}^{e\text{-}CB} \rightarrow e\text{-}TR$ (1–5)

$h+VB \rightarrow h+TR$ (1–6)

$e\text{-}TR+ h+VB(h+TR) \rightarrow e\text{-}CB+ogrzewanie$ (1–7)

W następnym etapie fotoindukowane elektrony w CB są uwięzione przez wodorochłonny tlen i uczestniczą w procesie redukcji, wytwarzając nadtlenkowe aniony rodnikowe ($O_2^{-\bullet}$) (równanie 1-8). Nadtlenek jest protonowany (rów. 1-9) przez $H+$, który jest wytwarzany w wyniku jonizacji wody w wytworzonych otworach ($h+$) (rów. 1-10). *HOO-* następnie wychwytuje kolejny wzbudzony elektron, aby wytworzyć *HO2-* (równanie 1-11), a następnie protonuje *HO2-,* aby wytworzyć nadtlenek wodoru, jak pokazano na rysunku (równanie 1-12). W końcu nadtlenek wodoru ulega rozkładowi do produkcji rodników hydroksylowych (*OH-*) (równanie 1-13). W międzyczasie fotoindukowane otwory w VB rozpraszają się na powierzchni fotokatalizatora, a następnie reagują z adsorbowanymi cząsteczkami wody, wytwarzając kolejny rodnik hydroksylowy (równanie 1-14) (Daneshvar, Aber i in. 2007, Kansal, Singh i in. 2008, Abdollahi1, Abdullah i in. 2011, Abdollahi, Abdullah i in. 2011).

$(O2)_{reklamy} + {}^{e-} \rightarrow\text{-}\ O2\text{--}$

(1–8)

$O2\text{--} + H+ \rightarrow HOO\text{-}$

(1–9)

$H2O \rightarrow OH- +H+$ (1−10)

$HOO- + ^{e-} \rightarrow HO2-$ (1−11)

$HO2-+H+\rightarrow H2O2$ (1−12)

$H2O2+e-\rightarrow OH- +OH-$ (1−13)

$H2O + h+\rightarrow H+ + OH-$ (1−14)

Różne organizmy, a także zanieczyszczenia organiczne i nieorganiczne mogą być dezaktywowane, rozkładane lub przekształcane w wyniku synergicznego oddziaływania rodników hydroksylowych, elektronów, dziur i innych utleniających rodników (.

TiO2 ma również korzystną kombinację struktury elektronicznej, właściwości pochłaniania światła, właściwości transportu ładunków i żywotności w stanie wzbudzonym (M.C. Hadj Benhebal 2013). Ponadto TiO2 jest związkiem stabilnym fotochemicznie lub chemicznie w przeciwieństwie do innych półprzewodników, takich jak GaP lub CdS, które mogą łatwo rozpuszczać i wytwarzać toksyczne produkty uboczne. Co więcej, TiO2 posiada doskonałe zalety podczas procesów oczyszczania środowiska, w tym reakcji utleniania, która jest zwykle stosowana do rozkładu materiałów zanieczyszczających. Reakcja taka jest ulepszona poprzez zwiększenie mocy utleniania otworów VB. TiO2 z przerwą pasmową około 3,0-3,2eV i długością fali około 400 nm prezentuje silniejsze utlenienie otworów VB w porównaniu z redukcyjnością fotoindukowanych elektronów. Generalnie, różne struktury TiO2 mają bardzo silną moc utleniania (3,0eV dla rutylu i 3,2eV dla anatazy TiO2), biorąc pod uwagę około 1,2 eV dla potencjału utleniania wody i około 3,0 eV dla potencjału odniesienia wodoru. Ponadto związki organiczne rozkładają się całkowicie na dwutlenek węgla i wodę poprzez napromieniowanie TiO2 promieniowaniem UV poniżej 400 nm. Powodem jest temperatura powierzchni TiO2, która znacznie wzrasta do prawie 30°C. W takich warunkach wszystkie materiały mogą być łatwo utleniane. Na rysunku 1.3. przedstawiono poziom energii szczeliny pasmowej fotokatalizatora TiO2.

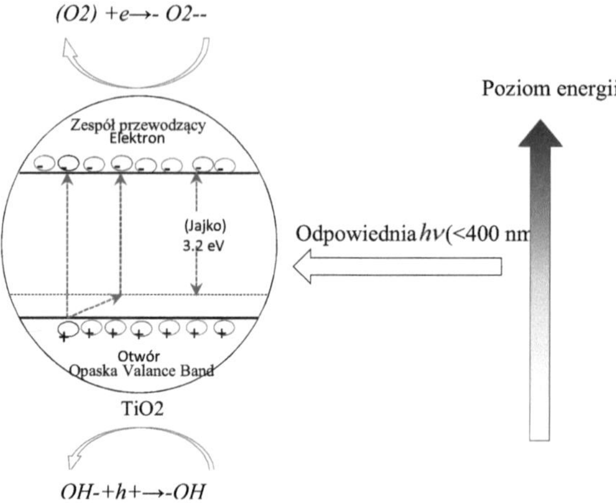

Rysunek 1.3. Wykres szczeliny szczelinowej pasma energetycznego cząsteczki kulistej TiO2

W przypadku fotokatalizatora TiO2, poziom energii CB jest nieco wyższy niż potencjał redukcji tlenu ($_{ECB=-0}$,51V, EO=-0,33V), który jest dominującym akceptantem elektronów (lub utleniaczem) i może ułatwić transfer $^{e-CB}$ do O2. Z drugiej strony, jego poziom energii VB ($_{EVB=+2}$,69V) jest znacznie niższy niż potencjały utleniania większości dawców elektronów (zarówno związków organicznych jak i nieorganicznych). W związku z tym wysoko utleniające się otwory mogą być przenoszone do powierzchniowo wchłanianych grup wodorotlenkowych lub do wody poprzez opracowanie powierzchniowo związanego rodnika hydroksylowego. Ogólnie rzecz biorąc, można stwierdzić, że TiO2 zachęca do redoksowego przekształcania zanieczyszczeń ze względu na położenie ich pasm.

Rysunek 1.4 przedstawia strukturę krystaliczną TiO2. TiO2 ma trzy główne struktury krystaliczne: anatazową (tetragonalną), rutylową (tetragonalną) i brookitową (ortohombową). Anataza jest fazą normalnie wytwarzaną w procesie zol-żel, ale brookit jest najczęściej występującym produktem ubocznym, gdy wytrącanie odbywa się w środowisku kwaśnym w niskiej temperaturze. Rutylu jest stabilną strukturą, podczas gdy zarówno brookit, jak i anataza są przerzutowalne i zwykle przekształcają się w rutyl po podgrzaniu.

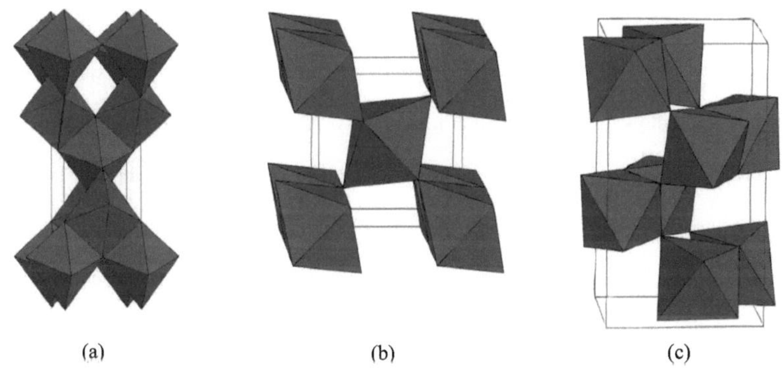

Rysunek 1.4: Struktura krystaliczna TiO2 Anataza (a), Rutyl (b), Brookit (c)

Brookite jest generalnie bardziej reaktywny niż anataza. Jednak przygotowanie czystego brookitu bez rutylu czy anatazy jest raczej trudne, dlatego nie zostało szeroko zbadane (Paola, Bellardita et al. 2013). Poza tym anataza wykazuje wyższą aktywność fotokatalityczną w porównaniu z rutylem, ponieważ wyższy E_{CB} (~ 0,2 eV) powoduje wyższą siłę napędową do przenoszenia elektronów na O2. Wynika to z faktu, że pozycja ECB wpływa na szybkość transferu elektronów, a w konsekwencji na szybkość rekombinacji ładunku. Jest to więc czynnik decydujący o wydajności fotokatalizy.

Zawsze zgłaszano, że na aktywność fotokatalityczną zarówno struktur anatazowych jak i rutylowych duży wpływ ma rodzaj zastosowanego podłoża (Serpone, Sauvé i in. 1996, Du i Rabani 2003, Ryu i Choi 2007, Tryba, Toyoda i in. 2007).

Właściwości powierzchniowe TiO2, w szczególności zależność ładunku powierzchniowego od pH, są dodatkowymi determinantami reakcji fotokatalitycznej. TiO2 jest znany jako kwas diprotyczny ze względu na amfoteryczny charakter powierzchniowych grup hydroksylowych. Powierzchnia grupy tytanowej tego fotokatalizatora jest zatem następująca po reakcji równowagi kwasowo-zasadowej:

Ti-OH2+ ↔ Ti-OH + H+ (pKa1) (1−15)

Ti-OH ↔ Ti-O- + H+ (pKa2) (1−16)

Uśrednione pKa definiuje się jako punkt zerowy pH (pHzpc), przy którym ładunek powierzchniowy fotokatalizatora jest zerowy. Dla fotokatalizatora TiO2 pKa1=4,5, pKa2=8, a wartość pHzpc szacowana jest na 6,2 (Carraway, Hoffman i in. 1994, Yogi, Kojima i in. 2009). W związku z tym zachodzi reakcja protonacji i powierzchnia katalizatora jest ładowana dodatnio przy pH<6,2, natomiast powierzchnia katalizatora jest ładowana ujemnie przy pH>6,2 w wyniku reakcji deprotonacji.

Poza wspomnianymi właściwościami TiO2, fotokatalizator ten jest wysoce reaktywny podczas fotokatalizy do uzdatniania wody i charakteryzuje się doskonałą reakcją nawet przy słabym napromieniowaniu światłem. Jednak TiO2 nie jest odpowiedni dla systemu obróbki masowej i jest nieaktywny oraz nie może być stosowany w świetle widzialnym. Zaproponowano wiele działań mających na celu przezwyciężenie tych ograniczeń i zwiększenie aktywności fotokatalitycznej TiO2 poprzez modyfikację/kompleksację powierzchni, uczulenie, doping zanieczyszczeń i heterojfunkcję z półprzewodnikami o podobnych lukach w paśmie, itp.

Ponieważ zawiesina katalizatora TiO2 i wody jest napromieniowana światłem UV, fotoindukowane elektrony w CB zazwyczaj reagują z rozpuszczonym tlenem i wytwarzają aniony rodnikowe nadtlenku (O2--). Ponadto, fotoindukowane otwory w VB rozpraszają się na powierzchni TiO2 i reagują z adsorbowanymi cząsteczkami wody, tworząc OH-.

Ponadto fotokatalizator ten może być łatwo syntetyzowany, ponieważ jest to materiał produkowany przemysłowo masowo. Łatwość aplikacji TiO2 jest kolejną zaletą tego fotokatalizatora, która zachęca do jego przemysłowego zastosowania.

Chociaż TiO2 łatwo i szybko rozkłada związki zanieczyszczeń nawet w słabym świetle, jest nieaktywny i nie nadaje się do masowego przetwarzania w świetle widzialnym. Dlatego też zastosowania TiO2 są bardzo ograniczone, szczególnie w przypadku energii słonecznej, ponieważ tylko 3% światła słonecznego jest pochłaniane z energii słonecznej. Ponadto, aktywność fotokatalityczna TiO2 zależy od względnego stopnia rozgałęzienia reaktywnych par otworów elektronowych w międzyfazowe reakcje ładunkowo-transferyjne. Niska powierzchnia jest jeszcze jednym ograniczeniem tego fotokatalizatora.

1.7 Działanie dopingujące na fotokatalizator TiO2

Najważniejszym efektem stosowania domieszek jest poprawa struktury elektronicznej TiO2 w celu wyeliminowania jego wrażliwości na światło i poszerzenia jego efektywnego zakresu od zakresu ultrafioletowego do widzialnego (Jaiswala i in. 2012). Chociaż techniki dopingowe są podatne na niestabilność termiczną, wskazują one na doskonałe właściwości fizykochemiczne, takie jak mały rozmiar krystalitu, duża powierzchnia właściwa i wysoka krystaliczność (Pongwan i in. 2016).

Fazy rutylu, anatazy i brookitu to trzy główne fazy krystaliczne TiO2 (Reyes-Coronado i in. 2008). Fazy rutylu i anatazy są powszechnymi fazami krystalograficznymi TiO2, przy czym te ostatnie są szczególnie korzystne ze względu na ich wyjątkową stabilność termodynamiczną i wysoką aktywność fotokatalityczną. Tworzenie się tych faz lub przemiana z rutylu w anatazę lub odwrotnie jest niezwykle zależne od mechanizmu odwodnienia termicznego, w którym w czasie powstają wiązania Ti-O-Ti w wyniku oddziaływania pomiędzy powierzchniami protonowanymi a grupami -OH. Powierzchnia właściwa jest kolejną ważną cechą, która decyduje o morfologii TiO2 w fotokatalizie. Szybkość degradacji fotokatalitycznej zanieczyszczeń organicznych jest zwiększona przez produkcję domieszki TiO2 o dużej powierzchni właściwej, co gwarantuje dostępność miejsc aktywnych w TiO2. Rozmiar krystalitu TiO2 jest jednym z aspektów wpływających na jakość TiO2, przy czym duże rozmiary krystalitu aż do pewnej granicy zwiększają aktywność fotokatalityczną TiO2 (Diebold 2003).

Dzięki obecności domieszek w tworzeniu fotokatalizatora z domieszką TiO2, transformacja fazowa z anatazy do rutylu zostaje wyeliminowana, gdy energia cieplna może pokonać barierę zarodkowania podczas procesu odwodnienia. Innymi słowy, rozmiar krystalitu TiO2 jest tłumiony przez wprowadzenie domieszek do ośmiościennej struktury kratowej domieszkowanego TiO2, co zwiększa jego właściwości fizykochemiczne. Ponadto, mniejsze kryształy zmniejszają rekombinację fotogeneratywnych nośników ładunku, stąd też są one preferowane w stosunku do większych. Ponadto mniejsze, domieszkowane kryształy TiO2 indukują większą szczelinę pasmową dzięki zwiększonej zdolności redoks (P. Jongnavakit 2012). Krótko mówiąc, domieszkowana TiO2 o wysokim udziale procentowym anatazy, małej wielkości krystalitu i dużej powierzchni właściwej, wspomaga wysoką aktywność fotokatalityczną.

1.8 Procesy dopingowe

W procesie dopingu szybka rekombinacja ładunków jest opóźniana, a absorpcja światła widzialnego jest umożliwiana przez stany defektów powstałe w szczelinie pasma. W pierwszym przypadku rekombinacja jest zahamowana, a międzyfazowy transfer ładunku jest wzmocniony przez uwięzienie otworów VB lub elektronów CB w miejscach defektu. W drugim przypadku dopuszczalne jest elektroniczne przejście ze stanów defektu do CB lub z VB do stanów defektu pod wpływem napromieniowania szczeliny podpasmowej. Jony metali (metale przejściowe i szlachetne) oraz jony niemetalowe to dwie główne kategorie domieszek. Generalnie preferuje się metale selektywne, ponieważ mają one potencjał do przenoszenia elektronów i zmniejszania poziomu energii luki międzypasmowej. W przypadku katalizatorów domieszkowych jony metali są aktywowane w obecności źródła światła, generując otwory na elektrony. Dlatego też, obecność domieszki jonów metali w matrycy fotokatalizatora znacznie poprawia międzyfazowe szybkości przenoszenia elektronów i rekombinacji nośnika ładunku, po czym następuje większa fotoreaktywność. Wśród różnych pierwiastków domieszkujących metal, miedź okazała się być skutecznym domieszką w zwiększaniu absorpcji światła widzialnego. Na przykład, Park et al. (Park, Choi et al. 2013) zmodyfikował TiO2 poprzez włączenie Ni2+, Co2+, Zn2+ i Cu2+ i podał, że TiO2 z domieszką Cu jest obiecującym fotokatalizatorem w foto-dekompozycji błękitu metylenowego. Sangpour i wsp. (Sangpour, Hashemi et al. 2010) zmodyfikował TiO2 domieszką Ag, Au i Cu i stwierdził, że domieszka zwiększa prawdopodobieństwo powstawania rodników. Stwierdzono, że poziom fotokatalizatorów w badanych fotokatalizatorach kształtuje się w następującej kolejności: Cu:TiO2 > Au:TiO2 > Ag:TiO2 > TiO2.

Jednak w procesie heterojunkcji efekty synergiczne dwóch półprzewodników z podobnymi przerwami pasmowymi mogą powodować niską szybkość rekombinacji i zwiększoną żywotność pary elektronów. Fotokatalizator TiO2 może być potencjalnie sprzężony z innymi półprzewodnikami, np. SiO2, MoO3, CdS, MgO, WO3, SnO2, Cu2O, In2O3 i ZnO (.Wu, Yu et al. 2006) Wśród różnych półprzewodników aktywność fotokatalityczna ZnO jest dość podobna do TiO2 i wydaje się być równie reaktywna jak

TiO_2 w świetle słonecznym. Zasadniczo szczelina pasmowa ZnO (około 3,37eV) jest zbliżona do poziomu energii dwutlenku tytanu (Hadj Benhebal and Ange'lique Leonard 2013). Według literatury poziom energii i powierzchnia TiO_2 zwiększają się po zmieszaniu go z innym fotokatalizatorem. Ponadto, zakres absorpcji światła przesuwa się w kierunku światła widzialnego ze względu na zwężenie luki energetycznej pasma, ponieważ TiO_2 jest z domieszką katalizatora półprzewodnikowego (Chin-Chuan Liu 2006).

TiO_2/ZnO było badane przez wielu naukowców w celu poprawy skuteczności fotodegradacji katalizatora TiO_2 (Zhu, Xie i in. 2004, Lakshminarayana, Qiu i in. 2008). Zdolność miedzi do modyfikacji fotoaktywności TiO_2 (Kim, Shin i in. 2013, Pham i Lee 2014, Wang, Duan i in. 2014) oraz ZnO (Wu, Shen i in. 2012, Ahmad, Ahmed i in. 2013) była badana oddzielnie w różnych pracach. W niektórych badaniach badano również fotokatalizator hybrydowy TiO_2/ZnO z innymi metalami (Wang, Li i in. 2010, Pant, Pant i in. 2013). Jednakże, zgodnie z naszą najlepszą wiedzą, hybrydowy fotokatalizator Cu-ZnO/TiO_2 nie został jeszcze zbadany.

1.8.1 Wpływ dopingu metalowego

Wydajność fotokatalityczna zależy na ogół od generacji par otworów elektronowych, które reagują z gatunkiem adsorbowanym na powierzchni fotokatalizatora. W przypadku katalizatorów z domieszką, jony metalu są aktywowane w obecności źródła światła, generując otwory elektronowe. Dlatego też obecność domieszek jonów metali w matrycy fotokatalizatora znacznie poprawia międzyfazowe szybkości przenoszenia elektronów i szybkości rekombinacji nośnika ładunku, co prowadzi do większej fotoreaktywności. Domieszki metali są również w stanie poprawić morfologię domieszkowanego TiO_2. Do tej pory różne domieszki metali, w tym żelaza (Fe) (Pang i Abdullah 2013) , cynku (Zn) (Zhaoa i in. , 2008), miedzi (Cu) (Xin i in. , 2008), platyny (Pt) (Yu i in. 2013), niklu (Ni)

(Jing i in. . (Jing i in. , 2005), mangan (Mn) (Denga i in. , 2011), bar (Ba) (Son i in. , 2010) i kobalt (Co) (Mugundan i in. , 2015) zostały poddane analizie pod kątem ich zdolności do zwiększenia wydajności fotokatalitycznej nanodopowanego TiO2. Poprawiają one wydajność domieszki TiO2 i zwiększają jej zastosowanie w przemyśle poprzez przesunięcie długości fali pochłaniania światła z UV na spektrum promieniowania widzialnego. Właściwości różnych domieszek metali TiO2 podsumowano w tabeli 1.3.

Tabela 1.3: Właściwości różnych domieszek metali TiO2

Dopant metalowy	Metal/TiO2 (molarratio)	Metoda syntezy	Materiał wyjściowy z TiO2	Materiał wyjściowy domieszek metali	Crystallite wielkość (nm)	Faza	BET Powierzchnia powierzchniowa (m2/g)	Ref.
Fe	0.090	Hydrotermiczny	TTB	FeCl3,FeCl2	11.40	Anataza	101.40	(M. Asilt¨urk 2009)
Fe	0.100	Hydrotermiczny	$(Ti(OC4H9\text{-}n)_4$	Fe(NO3)3-9H2O	14.50	Anataza	102.00	(T. Tong 2008)
Fe	1.200	Hydrotermiczny	TiCl3	FeCl3-6H2O	23.70	Anataza	55.50	(Z.Ambrus 2008)
Fe	0.007	Żel Sol	TTB	$Fe(NO3)_3$	—	Anataza	175.00	(W.C.Hung 2007)
Fe	0.007	Żel solny/ mikroemulsja	TTB	$Fe(NO3)_3$	12.70	Anataza	83.00	(C. Ad´an 2009)
Fe	0.980	Żel Sol	$Ti(OPri)_4$	Fe(NO3)3-9H2O	9.00	Anataza	126.10	(M. Asilt¨urk 2009)
Pt	0.800	Impregnowanie	TiO2 Degussa P25	PtCl2	22.28	Anataza	29.17	(S. Sakthivel 2004)
Pt	1.000	Impregnowanie Fotodepozycja	TiO2 Degussa P25	H2PtCl6	20.00	Anataza	107.00	(Vorontsov 2007)
Pt	1.500	Impregnowanie	TTIP	H2PtCl6	31.00	Anataza	19.10	(H. Abe 2006)
Pt	0.500	Deponowanie fotochemiczne	TBOT	H2PtCl6-6H2O	9.15	Anataza	116.10	(W. Sun 2008)
Pt	1.500	Redukcja fotochemiczna	TNBT	H2PtCl6-6H2O	—	Anataza	118.70	(M. Huang 2008)
Ce	0.100	Żel Sol	TiCl4	H2PtCl6-6H2O	14.00	Anataza	68.00	(Y. Ishibai 2008)
Ce	0.010	Hydrotermiczny	$Ti(SO4)_2$	$Ce(NO3)_4$	—	Anataza	454.00	(J. R. Xiao 2006)
Ce	4.000	Refluks	$Ti(OBu)_4$	$Ce(NO3)_4$	8.30	Anataza	—	(C. Wang 2010)

V	1.000	Żel Sol	$Ti(OBu)_4$	$VO(OPr)_3$	12.00	Anataza	107.00	(M. Bettinelli 2007)

Wśród różnych metali przejściowych, takich jak Cr, Fe, Ni, Zn, Co, (Zhu, Zheng i in. 2004, Zhu, Chen i in. 2006, Zhu, Deng i in. 2006, Schneider, Matsuoka i in. 2014) i Cu, miedź o potencjale redoks 0,52 V (Cu^{2+}/Cu) i 0,16 V (Cu^{2+}/Cu^{+}) została użyta jako odpowiedni modyfikator dla różnych fotokatalizatorów reagujących na światło widzialne (Sagar 1996). Cu^{2+} (0,73Å), Zn^{2+} (0,83Å) i Ti^{4+} (0,64Å) mają podobne parametry promienia jonowego i dlatego Cu^{2+} może łatwo przenikać do matryc TiO_2 i ZnO jako głębokie akceptory w połączeniu z sąsiednią pustką tlenową lub zastępując pozycje Zn^{2+} lub Ti^{4+}. Ponadto domieszka Cu przesuwa krawędzie absorpcji obu fotokatalizatorów w kierunku obszaru widzialnego (Mohan, Krishnamoorthy et al. 2012). Cu^{2+} bezpośrednio zatrzymuje elektrony wytworzone z wzbudzenia fotokatalizatora w Cu-TiO_2 lub Cu-ZnO. W związku z tym, doping redukuje szybkość rekombinacji elektronów podczas fotokatalizy poprzez generowanie miejsc gromadzenia ładunków.

Miedź jest wykorzystywana w większym stopniu jako domieszka niż inne metale przejściowe. Sreethawong i Yoshikawa (Sreethawong and Yoshikawa 2005) porównali aktywność fotokatalityczną mezoporowatego TiO_2 ładowanego Au-, Pd- i Cu w jednoetapowym procesie zol-żelowym z szablonem środka powierzchniowo czynnego. Zhou et al. (Zhou, Ji et al. 2012) zbadali aktywność fotokatalityczną mezotetrafenyloporfiryny o różnych ośrodkach metalowych (Fe, Co, Mn i Cu) na powierzchni TiO_2 (Degussa P25) i stwierdzili, że najwyższą aktywność wykazuje CuP-TiO_2. W innej pracy Kaneco i in. ("Dalai Ajay 2012)Kaneco et al.") badali fotokatalityczną produkcję wodoru w wodnym roztworze alkoholu za pomocą ZnO/TiO_2, SnO/TiO_2, CuO/TiO_2 i CuO/Al_2O_3/TiO_2, gdzie maksymalna produkcja wodoru była uzyskiwana przy zastosowaniu tego ostatniego. Przeprowadzono również kilka badań nad współodopingiem TiO_2 z miedzią i innym domieszką metali/nie-metali (Morikawa, Irokawa i in. 2006, Song, Zhou i in. 2008, Trejo-Tzab, Alvarado-Gil i in. 2012). Chociaż włączenie dopantu do zintegrowanej struktury ZnO/TiO_2 może przynieść poprawę właściwości fizycznych i chemicznych, bardzo niewiele badań koncentrowało się na tym zagadnieniu. Według najlepszej wiedzy autora, nie przeprowadzono badań nad włączeniem miedzi do struktury TiO2/ZnO w celu dalszego wsparcia półprzewodników.

Zazwyczaj produkty TiO2 z domieszką metalu wywołują większą obecność fazy anatazowej, wielkość krystalitu około 2,59-12,00 nm i powierzchnię właściwą od 100 do 500 m2/g. Spośród wymienionych metali, Cu okazał się poprawiać fotokatalityczną lukę pasmową Cu-TiO2 i Cu-ZnO oddzielnie. Przypisuje się to obecności dwóch elektronów w warstwie walencyjnej Cu, które umożliwiają przenoszenie elektronów. Dlatego też w niniejszej pracy wybrano miedź (Cu) do domieszkowania TiO2/ZnO, gdyż nie była ona dotychczas szeroko badana.

1.8.2 Wpływ dopingu niemetalowego

Doping anionowy niemetalowy jest szeroko stosowany w celu utrudnienia rekombinacji fotogeneratywnych par otworów elektronowych w nano-TiO2. Przypisuje się to stanom elektronowym niemetali, które znajdują się powyżej krawędzi pasma walencyjnego TiO2. Różne niemetalowe domieszki, takie jak C-N-kodowana TiO2 (Yu i Yu 2009), S,I-kodowana mezoporowa TiO2 (Yu i in. 2010), WO3 sprzężona P-TiO2 (Yu i in. 2010a), F-dodowana anataza TiO2 (Yu i in. 2010b, Yu i in. 2010b). 2012), siarka (S) (Yu i in. 2010), azot (N) (Wanqin i in. 2013) oraz węgiel (C) (Fotiou i in. 2016) zostały wykorzystane ze względu na ich zdolność do modyfikacji aktywności fotokatalitycznej i morfologii TiO2. Obecność anionów niemetalowych na ogół zwiększa powierzchnię właściwą, hamuje wzrost wielkości kryształów i zwiększa procentową zawartość fazy anatazowej w fotokatalizatorze TiO2. Ponadto, aniony niemetalowe wpływają na przesunięcie czerwieni w widmach absorpcji domieszkowanego TiO2 i rozszerzają jego szczelinę pasmową. Dlatego też różne aktywności fotoelektrochemiczne, fotochemiczne i fotokatalityczne TiO2 ulegają poprawie poprzez przeniesienie jego wrażliwości na długość fali z rejonu nadfioletowego do rejonu światła widzialnego (Ansari i in. 2016). Lista właściwości różnych niemetalowych domieszek TiO2 jest podsumowana w tabeli 1.4.

Tabela 1.4: Właściwości różnych domieszek niemetalowych TiO2

Dopant metalowy	Metal/TiO2 (stosunek molowy)	Metoda syntezy	Materiał wyjściowy z TiO2	Materiał wyjściowy domieszek metali	Crystallite wielkość (nm)	Faza	Powierzchnia BET (m2/g)	Ref.
P	0.020	Hydrotermiczny	TNBT	H3PO2	14.50	Anataza	104.00	(C. Jin 2009)
P	0.140	Żel Sol	TiO2 Degussa P25	H3PO4	8.60	Anataza/rutyl	154.00	(K. J. A. Raj 2009)
N	0.265	Hydrotermiczny	TiO2 Degussa P25	TEA	15.40	Anataza/rutyl	—	(F. Peng 2008)
N	1.600	Hydrotermiczny	TTIP	CH3CH2NH2	25.40	Anataza	—	(Philip 2010)
S	1.500	Hydrotermiczny	TiCl4,	$CS(NH2)_2$	30.00	Anataza	—	(H. Tian 2009)
S	2.800	Hydrotermiczny	TiS2	TiS2	2.80	Anataza	—	(W. K. Ho 2006)

1.8.3 Wpływ dopingu metaloidowego i halogenowego

Ostatnio wiele uwagi poświęca się technikom domieszki halogenowej ze względu na ich zdolność do zastępowania w strukturze TiO2, jak również do poprawy właściwości optycznych i powierzchniowych. W fotokatalizatorach z domieszką TiO2 technika ta jest zwykle stosowana w celu zahamowania przemiany anatazy w fazę rutylu. W związku z tym różne domieszki halogenowe, takie jak fluor (F)

(Yu et al. , 2009a), brom (Br) (Wang et al. , 2017) i jod (I) (Zhang et al. , 2011) zostały zbadane w zakresie modyfikacji morfologii i aktywności fotokatalitycznej TiO2. Bor (B) (Yu i in. , 2013a) i krzem są dwoma powszechnie stosowanymi metaloidami stosowanymi do opium TiO2, które można określić jako niemetal lub metal.

Udowodniono, że domieszki boru zwiększają powierzchnię TiO2 z domieszką B, hamują wzrost struktury krystalicznej TiO2 i indukują proces krystaliczny. Niektórzy badacze twierdzą, że domieszki krzemu zwiększają stabilność termiczną anatazy i hamują przemianę anatazy w fazę rutylu. Wykaz właściwości różnych domieszek metaloidowych i halogenowych TiO2 podsumowano w tabeli 1.5.

Tabela 1.5: Właściwości różnych domieszek metalloidowych i halogenowych TiO2

Dopant metalowy	Metal/TiO2 (stosunek molowy)	Metoda syntezy	Materiał wyjściowy z TiO2	Materiał wyjściowy domieszek metali	Crystallite wielkość (nm)	Faza	Powierzchnia BET powierzchnia (m2/g)	Ref.
Metalloid								
B	0.001	Hydrotermiczny	$Ti(OBu)_4$	NaBH4	2.59	Anataza	268.31	(J. R. Xiao 2006)
B	9.000	Żel Sol	$Ti(OBu)_4$	$VO(OPr)_3$	6.00	Anataza	127.00	(J. J. Xu 2009)
B	0.040	Żel Sol	TTIP	H3BO3	—	Anataza	219.00	(A. Zaleska 2008)
B	0.148	Żel Sol	TiO2	$(C2H5O)_{3B}$	7.00	Anataza	192.00	(E. Grabowska 2009)
Si	0.111	Destabilizacja	HFTA	HFSA	6.50	—	155.00	(M. Estruga 2010)
Si	0.030	Hydrotermiczny	$Ti(OC4H9)_4$	$(C2H5)_{4SiO4}$	8.20	Anataza	191.70	(R. Jin 2009)
Si	0.150	Szablonowanie	TBOT	TEOS	10.00	Anataza	120.00	(C. He 2010)
Halogen								
F	0.050	Hydrotermiczny	$Ti(OC3H7)_4$	NH4F	—	Anatas	48.00	(J. G. Yu 2009)
F	0.500	Hydrotermiczny	TBOT	NH4HF2-H2O	11.20	Anatas	122.00	(H. Sun 2010)
F	0.770	Hydrotermiczny	TIP	NaF	10.00	Anatas	148.00	(K. Mori 2008)
F	0.039	Żel Sol	$Ti(C2H5O)_4$	CF3COOH	13.20	Anatas	—	(N. Todorova 2008)
F	0.190	Piroliza natryskowa	H2TiF6	H2TiF6	—	Anatas	27.10	(D. Li 2005)
F	0.001	Żel Sol	$Ti(OBu)_4$	NH4F	3.78	Anatas	169.48	(J. Xu 2008)
I	0.033	Hydrotermiczny	TTIP	HIO3	5.50	anataza/brookit	137.60	(Q. Zhang 2011)

I	0.117	Hydrotermiczny	TNBT	KI	4.46	Anataza	184.87	(W.-A.Wang 2011)
I	0.025	Żel Sol	$Ti(OBu)_4$	HIO3	5.50	Anataza	259.10	(Y.Ma 2011)

1.8.4 Efekt co-dopingu

Największą poprawę morfologii TiO2 uzyskuje się stosując technikę co-dopingu z podwójną domieszką metali lub podwójną domieszką niemetali lub podwójną domieszką metali/niemetali. Technika co-dopingowa przesuwa absorpcję długości fali TiO2 z obszaru światła ultrafioletowego na obszar światła widzialnego, poprawia właściwości morfologiczne wielkości krystalitu i powierzchni oraz wytrzymuje transformację fazową anatazowo-rutylową. Chociaż poprawa TiO2 jest osiągalna w świetle widzialnym i przy optymalnym poziomie dopingu, powyżej tego poziomu aktywność TiO2 może ulec pogorszeniu.

1.8.5 Łączenie TiO2 z innymi półprzewodnikami

Wprowadzono i zbadano różne kategorie domieszek dla poprawy morfologii TiO2, krystaliczności, powierzchni i aktywności fotokatalitycznej. Jedną z technik przystosowania TiO2 do odbioru i wykorzystania światła widzialnego oraz poprawy jego morfologii jest połączenie go z innym półprzewodnikiem, takim jak SiO2, MoO3, CdS, MgO, WO3, SnO2, Cu2O, In2O3 lub ZnO (L. Wu 2006). Zgodnie z literaturą poziom energii i powierzchnia TiO2 zwiększają się przez zmieszanie go z innym fotokatalizatorem. Poza tym, zakres absorpcji światła przesuwa się w kierunku światła widzialnego ze względu na zmniejszenie poziomu energii szczeliny pasmowej, gdy TiO2 jest domieszkowany katalizatorem półprzewodnikowym (Y.-H.H. Chin-Chuan Liu 2006). Jego fotoaktywność może się wtedy poprawić poprzez zmniejszenie szybkości rekombinacji par elektronowo-otworowych oraz poprzez zwiększenie wydajności przenoszenia ładunków międzyfazowych (P. Jongnavakit 2012).

Wśród różnych półprzewodników, ZnO jest odpowiednią alternatywą dla sprzężenia z TiO2, ponieważ ma podobną energię szczeliny pasmowej (około 3,37 eV), a więc podobną aktywność fotokatalityczną. Co więcej, jest on tani i spełnia wymagania w zakresie rozkładu kilku zanieczyszczeń organicznych (M.C. Hadj Benhebal 2013). Dodatkowo stwierdzono, że ZnO jest tak samo reaktywne jak TiO2 w świetle słonecznym. Poza tym, te półprzewodniki mają pewne zalety. TiO2 ma większą stabilność chemiczną, podczas gdy ZnO ma większą przewodność niż TiO2. TiO2 ma dużo wyższą stałą dielektryczną i mniej stanów defektowych, co prowadzi do mniejszej rekombinacji, podczas gdy ZnO można łatwo nanostrukturyzować.

Systemy fotokatalizatorów Heterojunction poprawiają zachowanie fotokatalityczne fotokatalizatorów dopingowanych. Systemy fotokatalizatorów Heterojunction wykazują poprawę separacji ładunków oraz wydłużenie żywotności nośników ładunku (Fagan i in. , 2016). W 2014 r. Rawal z domieszką jonów W do sieci krystalicznej SnO2 i obniżeniem pozycji pasma przewodzenia SnO2. Sprzężenie W-Doped SnO2 i TiO2 może pochłaniać znaczną część światła widzialnego (Rawal i in. , 2014). Sprzężenie heterojunkcji W-Doped SnO2 i TiO2 wykazuje znaczną aktywność TTO5/TiO2, co przypisuje się głównie mechanizmowi transportu otworu międzyprzewodowego (Rawal i in. , 2014).

W heterojunkcji TiO2/ZnO, pasmo przewodzenia (CB) ZnO jest umieszczone nad pasmem przewodzenia TiO2, a pasmo falbany ZnO jest umieszczone pomiędzy pasmem falbany i pasmem przewodzenia TiO2, co tłumi rekombinację pary otworów elektronowych i sprzyja separacji tej pary, poprawiając w konsekwencji aktywność fotokatalityczną (Khaki i in. 2016). Połączenie TiO2 i ZnO oferuje szeroki zakres korzyści i jest najbardziej odpowiednim kandydatem do szeroko zakrojonych zastosowań środowiskowych ze względu na bezwładność chemiczną i biochemiczną, silną siłę utleniania, długotrwałą stabilność wobec korozji chemicznej i/lub fotochemicznej oraz efektywność kosztową. Doping Cu w TiO2/ZnO przesuwa krawędzie absorpcji na widoczny obszar. Miedź bezpośrednio wychwytuje elektrony wytworzone w wyniku wzbudzenia domieszkowanego katalizatora Cu-ZnO lub Cu-TiO2. Proces domieszkowania wraz z generowaniem miejsc łapania ładunku zmniejsza szybkość rekombinacji elektronów podczas fotokatalizy.

1.9 Czynniki operacyjne wpływające na degradację fotokatalityczną

Doping TiO2 z różnymi rodzajami metali przejściowych może powodować stany zanieczyszczenia pomiędzy falbaną i pasmami przewodzenia, co powoduje zwężenie luki w paśmie i zwiększenie foto-efektywności TiO2. Metody przygotowania wpływają na strukturę i aktywność fotokatalizatora. TiO2 z domieszką jonów metali stosowanych w technice zol-żel oferuje wiele korzyści, takich jak elastyczność wprowadzania domieszek w dużych stężeniach, jednorodność i łatwość przetwarzania. Stężenie domieszki i temperatura kalcynacji wpływają na strukturę fotokatalizatora poprzez zmianę wielkości kryształu, wielkości cząstek, powierzchni i poziomu energii szczeliny pasmowej.

Ogólnie rzecz biorąc, technika dopingu jest skuteczną metodą poprawy morfologii i aktywności TiO2. Jednakże różne parametry mogą mieć wpływ na skuteczność tej metody i są wyjaśnione później.

1.9.1 Wpływ temperatury kalcynacji nanodopy-TiO2

Kalcynacja jest procesem termicznym w obecności tlenu lub powietrza, który jest powszechnie stosowany w tworzeniu fotokatalizatorów w celu ułatwienia przejścia fazowego, rozkładu termicznego lub usunięcia frakcji lotnej. W związku z tym, zastosowanie kalcynacji do tworzenia domieszki TiO2 może również poprawić jego aktywność fotokatalityczną, morfologię, powierzchnię i właściwości krystaliczne, jak również absorpcję optyczną fotokatalizatora. Istnieje jednak optymalna temperatura do kalcynowania, powyżej której aktywność fotokatalityczna może być zmniejszona ze względu na aglomerację cząstek, które zmniejszają powierzchnię właściwą fotokatalizatora. Wysoka temperatura kalcynacji powoduje zastąpienie azotu w powietrzu przez tlen. W związku z tym zmniejsza się absorpcja fotokatalizatora w obszarze światła widzialnego, a następnie zmniejsza się aktywność TiO2.

1.9.2 Wpływ stężenia doplantów

Stwierdzono, że aktywność fotokatalityczna fotokatalizatorów jest bezpośrednia i niezwykle proporcjonalna do stężenia dopantu. Jednakże, poza optymalną ilością domieszki w strukturze fotokatalizatora, wydajność fotokatalityczna spada.

1.9.3 Wpływ stężenia początkowego

Wpływ początkowego stężenia reaktora jest czynnikiem determinującym aktywność fotokatalityczną domieszkowanego TiO2 w degradacji zanieczyszczeń. Zależność pomiędzy aktywnością fotokatalityczną TiO2 a początkowym stężeniem reaktora jest związana z adsorpcją reaktora na powierzchni fotokatalizatora i efektem przesiewania spowodowanym przeciążeniem reaktora. Aktywność fotokatalityczna TiO2 z reguły maleje wraz ze wzrostem początkowego stężenia reaktanta. Może to być spowodowane ograniczoną liczbą aktywnych miejsc dostępnych na powierzchni fotokatalizatora.

1.9.4 Wpływ stężenia fotokatalizatora

Zastosowanie optymalnego stężenia fotokatalizatora minimalizuje koszty i zużycie energii, jednocześnie maksymalizując wydajność fotokatalityczną. Jednakże, często donoszono, że zwiększenie stężenia fotokatalizatora zwiększa liczbę fotonów wchłanianych na powierzchni fotokatalizatora, a następnie zwiększa wytwarzanie par otworów elektronowych i liczbę rodników hydroksylowych. Niemniej jednak, ilość zanieczyszczeń organicznych adsorbowanych na powierzchni fotokatalizatora wzrasta, co przyczynia się do wyższej wydajności rozkładu (Kaur & Kansal 2016). W tabeli 1.6 przedstawiono wpływ stężenia fotokatalizatorów i warunków pracy na degradację zanieczyszczeń przemysłowych.

Tabela 1.6: Wpływ stężenia fotokatalizatora i warunków pracy na degradację zanieczyszczeń przemysłowych

Nie	Katalizator dopingowany	Docelowa substancja zanieczyszczająca	Stan operacyjny				Wyjść			Ref.
			UV	pH	T (°C)	stęż enie	TOC	COD	Degradacja fotokatalityczna	
1	Co-TiO2	2-chlorofenol	228 420 nm		22 °C	10-50 mg/L	_	_	Największa degradacja w 600 °C	(C. Ad'an 2009)
2	Mn-dopdTiO2	błękit metylenowy	310-400 nm		24–27 °C	100mg	_	_	99% stopa redukcji	(H. Abe 2006)
3	V- TiO2 2,8 g/l	błękit metylenowy	420	5.5	25 °C	2,8 g/l	_	_	Spadek 15-30%	(W. Sun 2008)
4	B- TiO2 2,8 g/l	błękit metylenowy	420	5.5	25 °C	2,8 g/l	_	_	Spadek 2-3%	(W. Sun 2008)
5	TiO2-Cu	błękit metylenowy	665	6.5	25 °C	10 mg	_	_	degradacja >95%	(Liu 2005, Carvalho 2013)
6	Pr- TiO2	fenol	365 577	6.5 6.8	25 °C	0,2-1,0 g/L	_	_	99 -50% degradacja	(M. Huang 2008)
7	TiO2-Cu	fenol	365	_	25 °C	1 g/l	_	_	Najlepsza aktywność fotokatalityczna kalcynowana w temperaturze 600 °C	(W.C.Hung 2007)
8	V5+ -TiO2	chlorpyrifos	350-400	5.89	25 °C	0.1%	_	_	najmniejszy stopień aktywności	(Y. Ishibai 2008)
9	Th4+ -TiO2	chlorpyrifos	350-400	5.89	25 °C	0.06%	_	_	największa aktywność	(Y. Ishibai 2008)
10	Mo6+ -TiO2	chlorpyrifos	350-400	5.89	25 °C	0.06%	_	_	największa aktywność	(Y. Ishibai 2008)
11	Zn2+ -TiO2	Czerwony Kongo (CR)	456	_	25 °C	100 mg	_	_	78 %	(J. R. Xiao 2006)
12	V5+ -TiO2	Czerwony Kongo (CR)	456	_	25 °C	100 mg	_	_	44 %	(J. R. Xiao 2006)
13	N- TiO2	błękit metylenowy	400	_	25 °C	100mg	_	_	87%, 93% i 95%	(C. Wang 2010)
14	Cu-ZnO	błękit metylenowy	200-800	_	25 °C	0,5% mol	_	_	największa aktywność fotokatalityczna	(M. Bettinelli 2007)
15	Er3+ -TiO2	błękit metylenowy	365	_	25 °C	0.1 g	_	_	50%	(C. Jin 2009)

16	Sn- TiO_2	roztwór penicyliny	365	_	25 °C	0.1 g	_	_	3mol.% mol fotokatalizatora ma wysoką aktywność	(K. J. A. Raj 2009)

(ciąg dalszy na następnej stronie)

"Tabela Kontynuuj 1.6"

Nie	Katalizator dopingowany	Docelowa substancja zanieczyszczająca	Stan operacyjny UV	pH	T (°C)	stężenie	TOC	COD	Wyjść Degradacja fotokatalityczna	Ref.
17	N- TiO_2	Barwniki azowe	250-450	_	25 °C	10 mg l_1	60%	_	95%	(Liu 2005)
18	ZrO_2- TiO_2	fenol	365	6.2	25 °C	_	_	_	54%, 61% i 62%	(Philip 2010)
19	Fe^{3+}-TiO_2	fenol	365	5	25 °C	0,5 mol%	_	_	55,2% do 65,68%	(H. Tian 2009)
20	Fe^{3+}-TiO_2	prawdziwe ścieki tekstylne	35 kHz	3-11	25 °C	6 g/L	49.8%	59.4%	79.9%	(W. K. Ho 2006)
21	Bi^{3+}- TiO_2	methylparathion	365	_	25 °C	0.25 g	_	_	97%	(J. J. Xu 2009)
22	Zn- TiO_2	błękit metylenowy	352	_	25 °C	_	_	_	46,3 do 91,4%	(A. Zaleska 2008)
23	Fe-TiO_2	Barwniki azowe	400	6.5	35°C	0,5 g L-1	_	_	60%	(E. Grabowska 2009)
24	Itr-TiO_2	pomarańcza metylowa	365	<3->4	25 °C	50 ml	_	_	20%	(M. Estruga 2010)
25	Sm^{3+}- TiO_2	błękit metylenowy	664	_	25 °C	200 mg	_	_	73.90%	(R. Jin 2009)
26	Pd- ZnO	Pomarańcza metylowa	365	7	25 °C	50 mg	_	_	48.2%	(C. He 2010)
27	Fe-TiO_2	Barwnik	_	_	25 °C	_	_	33%	_	(Li 2010)
28	Ag/F-TiO_2	fenol	420 nm	_	25 °C	_	_	_	0,50Ag/F-TiO_2 najwyższa aktywność	(F. Peng 2008)

Aby fotokatalizator był wysoce wydajny w zakresie degradacji zanieczyszczeń, powinien posiadać niski poziom energetyczny luki pasmowej i dużą powierzchnię właściwą. Najlepszym sposobem na zwiększenie zdolności adsorpcyjnej tlenku cynku i dwutlenku tytanu jest zastosowanie podpory o zmniejszonej energii, wysokiej porowatości i dużej powierzchni. Zgodnie z tabelą 2.6, Bi3+, Mn i Cu z domieszką TiO2 i ZnO wykazują wysoką sprawność fotokatalityczną. Wyniki degradacji wykazały, że miedziana domieszka TiO2 zwiększa fotokatalityczność. Ponadto, włączenie Cu2+ do struktury krystalicznej TiO2 jako Cu-doped TiO2 wykazało wysoką aktywność w świetle widzialnym. Nanokrystaliczna domieszka Mn TiO2 wykazywała wysoką aktywność fotokatalityczną w świetle UV i widzialnym, gdzie zakres degradacji błękitu metylenowego wynosił 99%. Bi3+ domieszka TiO2 w procesie zol-żel zwiększyła degradację parationu metylowego w świetle UV o 97%. W przypadku TiO2 z domieszką miedzi wyniki wykazały, że Cu/TiO2 wspomagał degradację błękitu metylenowego o ponad 95% w świetle widzialnym. ZnO z domieszką miedzi w temperaturze 600◦C osiągnęło najwyższą fotoaktywność w świetle UV i w świetle widzialnym.

1.9.5 Metody przygotowania fotokatalizatorów dopingowych

Wpływ domieszki na aktywność fotokatalityczną zależy od rodzaju związku oraz zastosowanej metody (Colon 2006) Metody przygotowania stosowane do domieszkowania katalizatora to zol-żel (Barakat 2005), mikroemulsja (Adan 2007), współstrącanie (,Anandan, Vinu et al. 2007) proces hydrotermiczny (Asilturk 2009) i synteza solwotermiczna (He 2013).

Niemniej jednak, korzyści płynące z syntezy fotokatalizatora na bazie TiO2 metodą zol-żel, które obejmują syntezę nanocząsteczek skrystalizowanego proszku o wysokiej czystości pod ciśnieniem atmosferycznym, stosunkowo niskiej temperaturze, możliwości kontroli stechiometrycznej, sugerowane są przez wielu badaczy.

.

1.9.6 Metoda solno-żelowa

Wiele badań wykazało stosowanie metody zol-żel do dopingu katalitycznego. Proces zol-żel został z powodzeniem wykorzystany do przygotowania materiałów szklistych, proszków ceramicznych i gęstych lub porowatych kawałków ceramiki, jak również do osadzania cienkowarstwowego i budowy biosensorów. Materiały otrzymane z tych procesów mogą być również stosowane w selektywnej, niejednorodnej katalityce, co stanowi obszar dużego zainteresowania ekonomicznego. W dzisiejszych czasach metody zol-żel są dobrze ugruntowane, ponieważ pozwalają na przygotowanie szerokiej gamy metali nośnych, tlenków metali, powłok i materiałów kompozytowych o dostosowanych właściwościach. Proces zol-żel został zastosowany do przygotowania podpartych katalizatorów metalowych i podpór katalizatora o większej stabilności termicznej i odporności na dezaktywację, zapewniając jednocześnie większą elastyczność w kontrolowaniu właściwości katalizatora, takich jak wielkość cząstek, powierzchnia i rozkład wielkości porów. Wielu autorów sugerowało zol-żel jako najlepszy środek dyspergowania metali katalitycznych w żelach o drobnej teksturze (Gonçalves 2006).

Sol-żel jest techniką mokro-chemiczną i jednym z najczęściej stosowanych sposobów przygotowania fotokatalizatorów. Metoda ta jest stosowana głównie do produkcji proszków katalizatorów lub cienkich warstw. Krótki schemat tego procesu przedstawiono na rysunku 1.5. dla fotokatalizatorów na bazie TiO2.

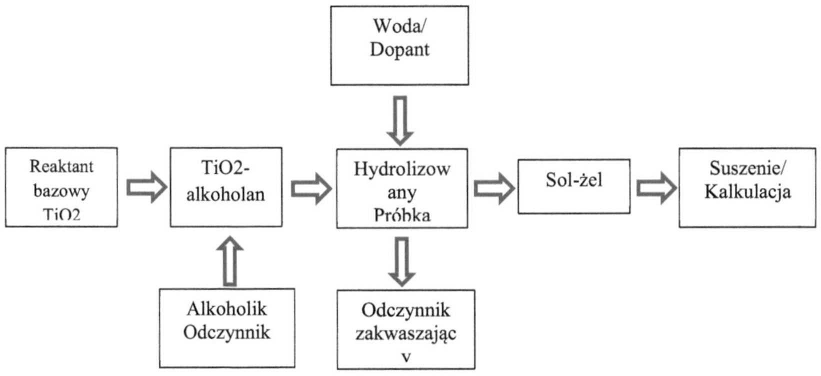

Rysunek 1.5: Proces wytwarzania żelu solnego

Ogólnie rzecz biorąc, metoda zol-żel jest niedroga, łatwa w obsłudze i często osiągalna w niskich temperaturach roboczych. Proces ten może być łatwo stosowany do osadzania substratów o dużych powierzchniach lub złożonych powierzchniach. Metoda zol-żel zazwyczaj rozpoczyna się od roztworu chemicznego, który zachowuje się jak prekursor zintegrowanego żelu (lub sieci) z polimerów sieciowych lub dyskretnych cząstek. Prekursorami mogą być tlenki metali, takie jak TiO2. W rzeczywistości, układ difazowy w postaci żelu przygotowany tą metodą zawiera zarówno fazy stałe, jak i ciekłe. W ostatnim etapie rozpuszczalnik powinien zostać usunięty z wytworzonej struktury poprzez proces suszenia, któremu towarzyszy znaczne zagęszczenie i skurcz. Rozkład porowatości w żelu jest czynnikiem determinującym proces suszenia. Na ostateczną mikrostrukturę w znacznym stopniu wpływają zmiany nakładane na szablon konstrukcyjny podczas suszenia. Następnie stosuje się proces wypalania lub obróbkę termiczną w celu zwiększenia stabilności strukturalnej i właściwości mechanicznych. Różne rodzaje zolu-żelu i związane z tym metody domieszkowania TiO2 obejmują co-doping, jony metali ziem alkalicznych, jony metali ziem rzadkich, jony metali przejściowych i innych metali/jonów niemetalicznych. Krótki wykaz zastosowań i skuteczności fotokatalizatorów na bazie TiO2 przygotowanych metodą zol-żel przedstawiono w tabeli 1.7.

Jak zaobserwowano, współdoping TiO2 w większości przypadków poprawia aktywność fotokatalityczną katalizatora. Doping TiO2 metalami ziem alkalicznych metodą zol-żel zapewnia również lepszą fotokatalizację TiO2 niż metodą współstrącania. Wręcz przeciwnie, domieszkowanie TiO2 metalami przejściowymi nie jest użyteczne dla skuteczności fotokatalitycznej, z wyjątkiem bardzo niewielu przypadków.

Sprzężony fotokatalizator półprzewodnikowy TiO2/ZnO był badany przez wielu naukowców w celu poprawy skuteczności fotodegradacji katalizatora TiO2. Ponadto, w kilku badaniach badano również potrójny kompleks TiO2/ZnO z niektórymi metalami. Jednakże, w oparciu o wiedzę autora, potrójny kompleks Cu-TiO2/ZnO nie został jeszcze zbadany. Cu wydaje się poprawiać fotokatalityczną lukę pasmową Cu-TiO2 i Cu-ZnO oddzielnie. Przypisuje się to obecności dwóch elektronów w warstwie walencyjnej Cu, co umożliwia transfer elektronów. Dlatego też TiO2 jest domieszkowany zarówno ZnO jak i Cu równolegle w niniejszych badaniach. Głównym celem jest redukcja energii szczeliny pasmowej Cu-TiO2/ZnO w celu poprawy jego aktywności. Dlatego też nowy hybrydowy fotokatalizator, a mianowicie nanokatalizator z domieszką Cu TiO2/ZnO, produkowany jest poprzez uwięzienie jonów miedzi w matrycy krystalicznej TiO2 i ZnO metodą syntezy zol-żel. Nowy domieszkowany fotokatalizator jest kalcynowany w dwóch różnych temperaturach 500°C i 700°C. Następnie ocenia się fotokatalizator domieszkowany Cu TiO2/ZnO poprzez degradację pomarańczy metylowej (MO) i błękitu metylenowego (MB) w świetle widzialnym.

Tabela 1.7: Metoda z użyciem żelu solnego do przygotowania katalizatora domieszkowego

Katalizator dopingowany	Materiał i conc	Parametr		Charakterystyka katalityczna				Ref.
		T (°C)	pH	SA ^{m2} g_1	BG	CS nm	PS nm	
Co-TiO2	Co(III)0,0040,14mol% TiCl4 98%.	200 -900	-	39.7	-	-	25	(Barakat 2005)
Mn-dopdTiO2	Mn (II) 0,1 M Ti(OCH(CH3)$_2$)$_4$	700	7	38	-	20–30	-	(Binas 2012)
V- TiO2	Ti(OBu)$_4$ 6,0 ml	500	-	139	-	10.5	-	(Bettinelli 2007)
B- TiO2	Ti(OBu)$_4$ 17,0 ml	450	-	107	-	12	-	(Bettinelli 2007)
TiO2-Cu	Ti(O-Pr)4 5ml CuSO4_5H2O 170 mg	400 500	-	_	-	107	-	(Carvalho 2013)
Pr- TiO2	(Ti[*izo-OC3H7*]$_{4\,0}$,12 mol.	100 800	1.8	40	2.80 i 3.10 eV	-	10–50	(Chiou 2007)
TiO2-Cu	TTIP 10 ml, Cu(NO3)$_{2\,0}$, 5 M%.	400 800	-	2	3.00	34	-	(Colon 2006)
V5+ -TiO2	TiCl4 25 ml [NH4VO3]	550	7-8	24	2.7	28.42	-	(Devi 2009)
Th4+ -TiO2	TiCl4 25 ml [Th(NO3)$_4$]	550	7-8	32	3.00	30.28	-	(Devi 2009)
Mo6+ -TiO2	TiCl4 25 ml (NH4)$_{6Mo7O24\text{-}4H2O}$	550	7-8	22	2.7	29.38	-	(Devi 2009)
Zn2+ -TiO2	TiCl4 25ml	550	7-8	31	2.8	15.6	-	(Devi 2010)
V5+ -TiO2	TiCl4 25ml	550	7-8	24	2.8	28.4	-	(Devi 2010)
N- TiO2	Tytan (IV) Na2EDTA	500	-	58	3.06	-	9.6	(Elghniji 2012)

(ciąg dalszy na następnej stronie)

Tabela 1.7, ciąg dalszy

Katalizator dopingowany	Materiał i conc	Parametr T (°C)	Parametr pH	Charakterystyka katalityczna SA ^{m2} g_1	BG	CS nm	PS nm	Ref.
Cu-ZnO	Zn(CH3COO)$_{2\text{-}2H2O}$ 0,3 M Cu(CH3COO)$_{2\text{-}H2O}$	400	-	-	-	3.294	-	(Jongnavakit 2012)
Er3+ -TiO2	Ti[O(CH2)$_{3CH3}$]$_4$ 3,5 g ErCl3	500	-	-	3.09	10.0	-	(Lee 2012)
Sn- TiO2	Ti(OC4H9)$_4$(AR) 5 ml	450	9	399	3.6	-	-	(Li 2009)
Fe-TiO2	Ti(OC4H9)$_4$ Fe(NO3)$_3$	500	7-8	338.7	_	-	-	(Li 2010)
Ag/F-TiO2	Ti(OBu)4) Ag(NO3)	623 K	-	179.6	2.35	5.2	-	(Lin 2012)
N- TiO2	Ti[OCH (CH3)$_2$]$_4$ 9ml	400	-	-	-	-	10	(Liu 2005)
ZrO2- TiO2	Ti(OCH2CH2CH2CH3)$_4$ 14ml	400	-		-		-	(McManamon 2011)
	Ti:acac, (Zr(acac)$_4$)	1000		140.4		1.8		
Fe3+-TiO2	TBOT 0,1 mol Fe(NO3)$_3$ _9H2O	450	-	-	-	8.3	-	(Naeem 2010)
Fe3+-TiO2	Ti(OBu)$_4$ Fe(NO3)$_{3\text{-}9H2O}$	500	3	167.6	2.70	-	10	(Pang and Abdullah 2013)
Bi3+- TiO2	Ti(O-Bu)$_4$ 21 ml	500	-	-	-	16-22	-	(Rengaraj 2006)
Zn- TiO2	TTIP ZnSO4-7H2O	450	-	101.27	-	14.03	-	(Ryu 2011)
Fe-TiO2	(Fe(NO3)$_{3\text{-}9H2O}$ TTIP 8,87 mL	200	-	118	3.06	8.91	-	(Vargas 2012)
Itr-TiO2	(Y(NO3)$_{3\text{-}6H2O}$) Ti(OBu)$_4$ 10ml	823 K	-	69.0	-	11.5	-	(Wang 2011)
Sm3+- TiO2	(Ti (OPri)$_4$) Sm (NO3) $_3$	600	6-7	82.94	-	12.80	-	(Xiao 2008)
Pd- ZnO	Zn(O2CCH3)$_2$ Pd(NO3)$_2$	773 K	-	6.49	-	33	-	(Zhong 2012)

1.10 Podsumowanie

Odpady organiczne nieulegające biodegradacji zawierają związki, które nie mogą być poddane naturalnemu recyklingowi w cyklu życia, ponieważ nie mogą się rozpaść na składniki naturalne. Zaawansowana Technologia Utleniania (AOT) jest solidnym procesem oczyszczania ścieków, w tym związków nieulegających biodegradacji. W AOT stosowane są cztery różne metody wytwarzania rodników hydroksylowych i oczyszczania ścieków, które obejmują (i) oczyszczanie ozonowe, (ii) procesy elektrochemiczne, (iii) bezpośredni rozkład wody oraz (iv) fotokatalizację. Wśród różnych AOP niejednorodne procesy fotokatalityczne nadają się do eliminowania szerokiego zakresu zanieczyszczeń w temperaturze i ciśnieniu otoczenia bez wytwarzania szkodliwych produktów pośrednich. W części wprowadzającej przedstawiono reakcję fotokatalizy i wprowadzono TiO2 jako jeden z najbardziej efektywnych fotokatalizatorów. Następnie zbadano wpływ różnych parametrów (np. domieszek i parametrów pracy) na TiO2. Ponadto badano różne rodzaje domieszek (np. metal, niemetal, metalloid i halogen, ko-doping) oraz sprzężenie TiO2 z innymi półprzewodnikami. W zakresie parametrów pracy przedstawiono wpływ temperatury kalcynacji na zawartość nanodopowanego TiO2, stężenia domieszki, początkowego stężenia reaktora i stężenia fotokatalizatora oraz metody przygotowania fotokatalizatorów domieszkowych. TiO2 i ZnO mają szerokie szczeliny pasmowe wynoszące około 3,2eV i 3,3 eV w temperaturze pokojowej, dlatego też są stosowane głównie w napromieniowaniu ultrafioletowym (UV). Fotokatalizatory TiO2 i ZnO mogą być również stosowane w świetle widzialnym w celu zwiększenia efektywności energetycznej. Aktywność fotokatalityczną TiO2 i ZnO można poprawić poprzez zmniejszenie poziomu energii szczeliny pasmowej. Zgodnie z Tabelą 1.7 domieszkowane metalami TiO2/ZnO nano-cząsteczki takie jak Ag, Fe, Mo i Cu mogą zwiększyć aktywność fotokatalityczną. Szczególnie miedź została uznana za jeden z najbardziej efektywnych elementów dopingujących dla poprawy aktywności fotokatalizatora.

Rozdział 2

Synteza, charakterystyka i ocena aktywności fotokatalitycznej nowego fotokatalizatora na bazie TiO2

2.1 Przygotowanie fotokatalizatora

Cu-ZnO/TiO2 został syntetyzowany metodą zol-żel (Gao, Luan i in. 2011, Jongnavakit, Amornpitoksuk i in. 2012). Na rysunku 2.1. przedstawiono uproszczony schemat syntezy. Proces składa się z trzech głównych etapów, którymi są przygotowanie żelu, suszenie i kalcynowanie. Syntezę rozpoczęto od przygotowania prekursorów A i B. Dla prekursora A wstępnie ustalona ilość TTIP została zmieszana z etanolem i mieszana przez godzinę w temperaturze pokojowej w celu uzyskania roztworu prekursora. Następnie, za pomocą ciągłego i burzliwego mieszania, zmieszano 30 ml roztworu wody destylowanej, etanolu, kwasu octowego i octanu cynku (według stosunku wagowego TiO2: ZnO=70:30) w celu uzyskania jednorodnego roztworu (prekursor B). W międzyczasie, roztwór o pH

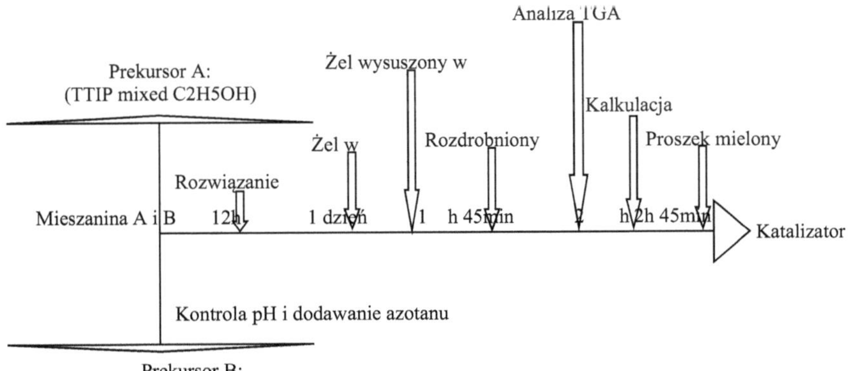

Rysunek 2.1: Schemat procesu syntezy katalizatorów

Wartość ta była kontrolowana w zakresie od 2,0 do 3,0 poprzez dodanie pewnej ilości roztworu kwasu solnego, a następnie pewną ilość trójwodzianu azotanu miedzi (II) dodano do prekursora B z energicznym mieszaniem w celu domieszkowania metalu. Następnie prekursor B został zrzucony do prekursora A z prędkością jednej kropli na sekundę przy silnym mieszaniu. Wytworzona mieszanina była stale mieszana przez około 12 godzin w celu zakończenia procesu zol-żel, a następnie utworzono przezroczysty zol. Starzał się on przez jeden dzień, aby zakończyć proces przejścia zol-żel i odparować nadmiar alkoholu. Następnie poddawano go obróbce termicznej w piecu elektrycznym w temperaturze 100°C przez 1 godzinę. W kolejnym etapie katalizatory przeszły proces kalcynacji, który został przeprowadzony w piecu (Thermconcept KL 15/11) z szybkością grzania 10°C/min do niemal maksymalnej temperatury określonej przez proces TGA. Proces termiczny został przeprowadzony i poddany analizie za pomocą analizatora termo-grawimetrycznego (TGA) (TG-Q500, urządzenie badawcze, USA) w celu określenia temperatury kalcynacji. Zsyntetyzowane katalizatory poddano procesowi termicznemu począwszy od temperatury pokojowej do maksymalnej temperatury 1000°C.

Kalcynację kontynuowano przez 2 godziny w celu regulacji sieci molekularnej i struktury fotokatalizatora oraz usunięcia nadmiaru rozpuszczalnika. Należy zauważyć, że przed kalcynacją przeprowadzono proces ogrzewania, a wyniki analizowano w celu określenia oporu cieplnego syntetyzowanych próbek oraz temperatury kalcynacji. Kalcynację kontynuowano przez 2 godziny przy dwóch pożądanych temperaturach, aby uporządkować sieć molekularną i strukturę fotokatalizatora oraz usunąć nadmiar rozpuszczalnika.

Nano-wymiarowe Cu-TiO2/ZnO otrzymano następnie w procesie frezowania kulek. Należy zauważyć, że badano 5 różnych stężeń Cu (1 do 5 % mas.) oraz stosunek TiO2 do ZnO wynoszący 7:3(wag.). Uwzględniono również wpływ dwóch różnych temperatur kalcynacji 500 i 700°C. Stwierdzono, że w procesie przemiału kulowego uzyskano 5 różnych stężeń Cu (od 1 do 5 % mas.) oraz stosunek TiO2 do ZnO (od 7 do 3 % mas.). Najlepszą charakterystykę dla Cu-TiO2/ZnO stanowiła zawartość Cu wynosząca 3 Wt% wraz z temperaturą kalcynacji 500°C.

W związku z tym zsyntetyzowano, scharakteryzowano i oceniono Cu (3wt%)-TiO2/ZnO w temperaturze 500°C. W celu oceny i porównania aktywności fotokatalitycznej Cu-ZnO/TiO2 oddzielnie zsyntetyzowano również czyste TiO2 i ZnO/TiO2. W celu uzyskania optymalnego wyniku, przygotowano dwie grupy próbek. W pierwszej grupie skład ZnO i Cu był zróżnicowany, a ilość TiO2 stała. W drugiej grupie skład TiO2 i Cu był zróżnicowany, natomiast ilość ZnO była stała. Szczegóły dotyczące przygotowania próbki przedstawiono w tabeli 2.1.

Tabela 2.1: Ilość tlenku tytanu, azotanu miedzi i siarczanu cynku w dwóch grupach syntetyzowanych katalizatorów.

Nie	Wt. %	Ti(gm)	$Zn(Ac)_2.H2O$(gm)	$Cu(NO3)_2$(gm)
			(a)	
1	1%	21.251	8.441	0.320
2	2%	21.251	8.150	0.641
3	3%	21.251	7.859	0.961
4	4%	21.251	7.568	1.282
5	5%	21.251	7.277	1.602
			(b)	
Nie	Wt. %	Ti(gm)	$Zn(Ac)_2.H2O$(gm)	$Cu(NO3)_2$(gm)
6	1%	20.947	8.732	0.320
7	2%	20.644	8.732	0.641
8	3%	20.340	8.732	0.961
9	4%	20.037	8.732	1.282
10	5%	19.733	8.732	1.602

2.2 Charakterystyka fotokatalizatora

Analizator termograwimetryczny (TG-Q500, urządzenie badawcze, USA) zastosowano do analizy stabilności termicznej syntetyzowanych fotokatalizatorów. Ilość zsyntetyzowanych katalizatorów poddano procesowi termicznemu począwszy od temperatury pokojowej do maksymalnej temperatury 1000°C, w dynamicznej atmosferze azotu. Następnie przeprowadzono identyfikację strukturalną i czystość fazową próbek Cu-TiO2/ZnO za pomocą dyfraktometru rentgenowskiego (XRD) z wykorzystaniem zaawansowanej dyfrakcji rentgenowskiej (7602 EA Almelo, Empyrean analityczny, Holandia). Zastosowano w nim szybkość skanowania 0,026° s-1 w 2θ w zakresie od 20° do 80°. Analizę morfologiczną przeprowadzono za pomocą elektronowego mikroskopu skaningowego do emisji polowych (FESEM, model Quanta FEG 450, EDX-OXFORD). Mikroskop pracował na poziomie energii wiązki 10,00 kV przy wysokim poziomie próżni i wielkości plamki 3,0. Obrazy z transmisyjnego mikroskopu elektronowego (TEM) zostały wykorzystane do obserwacji wewnętrznej struktury próbki (ORIUS SC1000). Mikroskop miał napięcie przyspieszające od 20 do 200kV i standardowe powiększenie od 22X do 930KX. Powierzchnię próbki oznaczono metodą Brunauera-Emmetta-Tellera

BET (mikrometryczny tristar 3020, analizator) z wykorzystaniem adsorpcji N2 w 77K. Rozmiar cząsteczek próbki przybliżono za pomocą analizatora wielkości cząsteczek (Mss+Hydromu, Malvern instrument, U.K.) działającego w obiektywie o zasięgu 300 RF mm. Widma UV-vis (reflektancji rozproszonej) w zakresie długości fali 200-800 nm uzyskano za pomocą spektrofotometru wyposażonego w zintegrowaną sferę (spektrofotometr UV-Vis-NIR Uv-3600, Shimadzu, Japonia). W związku z tym wyznaczono szczelinę pasmową za pomocą modelu Kubelka-Munka. Wyniki zostały następnie porównane z tymi oszacowanymi za pomocą równania Plancka.

2.3 Projektowanie eksperymentalne i analiza statystyczna

Czynnikowa konstrukcja eksperymentów (DOE) wraz z analizą statystyczną uzyskanych wyników pozwala na analizę indywidualnych i interaktywnych efektów parametrów przy minimalnej liczbie eksperymentów przy jednoczesnej eliminacji błędów systematycznych. W ramach badań przeprowadzono metodykę powierzchni odpowiedzi opartą na 3-poziomowym, 5-czynnikowym centralnym projekcie kompozytu w celu zbadania efektów działania pięciu niezależnych czynników numerycznych, opracowania modeli regresji oraz optymalizacji warunków degradacji fotokatalitycznej przy użyciu oprogramowania Design Expert (wersja 9.0.3, Stat-Ease Inc., USA). Wstępne stężenie barwnika od 20 do 50ppm, wstępne pH od 4 do 10, stężenie katalizatora od 0,3 do 0,7g/L, natężenie promieniowania świetlnego od 14 do 23Watt oraz czas reakcji od 40 do 120min wybrano do oceny aktywności fotokatalitycznej syntetycznego Cu-TiO2/ZnO na degradację dwóch rodzajów barwników: Pomarańcz metylowy (MO) jako barwnik anionowy i błękit metylenowy (MB) jako barwnik kationowy. Poziomy te wybrano na podstawie dostępnej literatury podobnych prac uwzględniających właściwości TiO2 i ZnO oraz domieszki Cu (Zhang i in. 2016). Reakcje na degradację, sprawność fotokatalityczną (%), badano w zakresie usuwania koloru (YC), ChZT (YCOD) i TOC

(YTOC). Zmienne niezależne, Xi, zostały przekształcone do postaci zakodowanej "xi" do obliczeń statystycznych za pomocą równania (2-1):

$$x_i = \frac{X_i - X_0}{\delta X} \quad (2-1)$$

gdzie, *X0 odnosi się do* wartości *Xi* w środku domeny, a *dX odnosi się* do zmiany kroków. Łącznie przeprowadzono 100 testów dla obu zmiennych kategorycznych, w których 16 replikacji znajdowało się w punktach środkowych: [Katalizator]: 0,5g/L, [barwnik]: 35ppm, natężenie promieniowania świetlnego: 18Watt, pH: 7 i czas reakcji 80min; dla określenia błędu doświadczalnego. W tabeli 2.4 podsumowano warunki doświadczenia oraz odpowiedzi uzyskane dla degradacji MO i MB.

Następnie wykorzystano równanie wielomianowe drugiego rzędu korelujące wpływ zmiennych pod względem iloczynu liniowego, kwadratowego i krzyżowego do oceny skuteczności syntetyzowanego fotokatalizatora poprzez zilustrowanie zachowania się wybranych odpowiedzi w funkcji indywidualnych i interaktywnych efektów niezależnych zmiennych.

$$Y = b_0 + \sum_{i=1}^{n} b_i x_i + \sum_{i=1}^{n} b_{ii} x_i^2 + \sum_{j>i}^{n} \sum_{i=1}^{n} b_{ij} x_i x_j + \varepsilon \quad (2-2)$$

W tym równaniu *Y* jest przewidywaną odpowiedzią, *b0* jest terminem stałym, *bi*, *bii* i *bij* są współczynnikami odpowiednio dla terminów liniowych, kwadratowych i iloczynu krzyżowego. xi oznacza również zmienne kodowane, a *n odnosi się* do liczby zmiennych. Istotność i adekwatność modeli została dodatkowo oceniona przez ANOVA (Analysis of Variance), a ich przydatność została wyrażona za pomocą współczynników wyznaczania, R^2 R^2_{adj} oraz R^2_{prod}. Jako główne wskaźniki modeli przyjęto również współczynnik zmienności Fishera (wartość F), wartość prawdopodobieństwa (Prob>F) z 95% poziomem ufności i odpowiednią dokładnością.

$$Adequate\ precision = \frac{Y_{Max} - Y_{Min}}{\sqrt{\overline{V}(Y)}} \quad (2\text{-}3)$$

$$\overline{V}(Y) = \frac{1}{n}\sum_{i=1}^{n}\overline{V}(Y) = \frac{p\sigma^2}{n} \quad (2\text{-}4)$$

Tutaj Y jest przewidywaną odpowiedzią, σ^2 jest to pozostały średni kwadrat, p i n odnoszą się również do liczby parametrów modelu i eksperymentów. Modele regresji dla każdej zmiennej kategorycznej zostaną przedstawione w tabeli 2.4, usunięcie koloru, ChZT i TOC uzyskano po wyeliminowaniu pojęć nieistotnych. W modelach tych współczynniki dodatnie wskazują na efekt synergiczny, natomiast współczynniki ujemne - na efekt antagonistyczny pomiędzy zmiennymi lub pomiędzy nimi. Ponadto otrzymano wykresy trójwymiarowe oparte na wpływie poziomów tych dwóch czynników. Ostatecznie na podstawie otrzymanych modeli zoptymalizowano parametry pracy w celu osiągnięcia maksymalnego poziomu degradacji fotokatalizatora oraz przeprowadzono dodatkowe doświadczenia w celu oceny optymalnych warunków.

2.4 Adaptacyjny wnioskowanie neurofuzzy (ANFIS)

Do określenia skuteczności Cu-TiO2/ZnO w zaawansowanej reakcji utleniania przy uzdatnianiu wody wykorzystano Adaptacyjną Inferencję Neuro-Fuzzy (ANFIS) na podstawie danych uzyskanych z doświadczeń. W skrócie, ANFIS został użyty do zmiennego wyszukiwania na początku, znany jako "wybór zmiennych", a następnie ta sama sieć została wykorzystana do zbadania, jak wymienione parametry operacyjne wpłynęły na fotoaktywność miedzi-ZnO/TiO2.

Fotodegradacja zarówno MO jak i MB przy użyciu Cu-TiO2/ZnO została zaprojektowana z wykorzystaniem metodyki Response Surface Methodology (RSM) dostarczonej przez oprogramowanie Design-Expert w wersji 9.0.4.1 (Stat-Ease Inc., USA). Do oceny zależności aktywności fotokatalizatora syntetycznego od warunków pracy wykorzystano standardową matrycę projektową RSM - Central Composite Design (CCD). Określono pięć niezależnych od siebie parametrów pracy, w tym A: początkowe stężenie barwnika (20 do 50 ppm), B: początkowe pH (4 do 10), C: obciążenie katalizatora (0,3 do 0,7g/L), D: natężenie napromieniowania świetlnego (14 do 23 W) i E: czas reakcji (40 do 120min).

Wybranymi reakcjami były: barwa, ChZT i usunięcie TOC. W badaniu tym, wartość α, która jest odległością punktu osiowego od środka, została ustalona na 1. Odpowiednio, użyto kompozytu czołowego, który nie jest obrotowy, ale jest łatwiejszy do pracy. Niezależne zmienne zostały zakodowane na trzech poziomach: +1 (maksymalna), 0 (środkowa), #1 (minimalna). Ostatecznie wykorzystano trzypoziomową, pięciostopniową konstrukcję kompozytu centralnego, aby uzyskać model powierzchni reakcji trzeciego rzędu, co wymagało 50 eksperymentów na degradację każdego barwnika, w tym 32 czynnikowe, 10 osiowe i jeden punkt centralny. Punkt centralny o warunkach [Katalizator]: 0,5g/L, [barwnik]: 35ppm, natężenie promieniowania świetlnego: 18Watt, pH: 7 i czas reakcji 80 min powtórzono 8 razy, aby określić błąd doświadczalny i odtwarzalność danych. Eksperymenty prowadzono losowo w celu zminimalizowania błędów wynikających z systematycznych trendów w zmiennych.

2.4.1 Metodologia zmiennego wyboru

W celu analizy czułości foto-aktywności Cu-TiO2/ZnO na pięć niezależnych parametrów pracy oraz określenia wpływu tych 5 parametrów na efektywność zaawansowanej reakcji utleniania zastosowano ANFIS.

W tabeli 2.2 przedstawiono 5 parametrów wejściowych wybranych do analizy, a w tabeli 2.3 wymieniono kompletną matrycę projektową wraz z reakcjami zaawansowanej reakcji utleniania dla redukcji MO i MB.

Tabela 2.2: Niezależne zmienne numeryczne i ich poziomy. (Parametry wejściowe dla ANFIS)

Dane wejściowe	Opis parametrów	Symbol	Charakterystyka parametrów		
			Wartość minimalna	Wartość średnia	Wartość maksymalna
wejście 1	PH	A-PH	4	7	10
wejście 2	Napromieniowanie światłem Intensywność	B-LII	14	18.5	23

wejście 3	Stężenie barwnika(ppm)	C-[Dye]	20	35	50
wejście 4	Cu-TiO2/ZnO (mg)	D-[Cat]	0.3	0.5	0.7
wejście 5	Czas reakcji	E-t	40	80	120

Tabela 2.3: Eksperymentalna matryca projektowa i końcowe wyniki usuwania błękitu metylowego i błękitów metylenowych. Zastosowanie metodyki powierzchniowej reakcji (RSM) opartej na 3 poziomach i 5 czynniku.

Biegnij. Nie.	Projektowanie eksperymentalne					Usunięcie MO (%)			Usunięcie MB (%)		
	pH	Światło	Barwniki	Catalyst	Czas	UV	COD	TOC	UV	COD	TOC
1	4	14	20	0.3	40	33.00	25.90	18.32	24.50	16.00	9.47
2	10	14	20	0.3	40	25.95	18.63	13.91	31.00	24.00	14.13
3	4	23	20	0.3	40	40.00	31.54	18.92	33.25	18.00	5.26
4	10	23	20	0.3	40	35.00	24.27	18.84	38.75	24.00	16.22
5	4	14	50	0.3	40	13.66	11.00	3.30	13.82	7.09	4.63
6	10	14	50	0.3	40	17.60	14.83	4.96	21.76	17.00	5.31
7	4	23	50	0.3	40	24.88	15.83	6.79	21.00	10.00	4.95
8	10	23	50	0.3	40	20.46	15.00	5.64	24.84	20.90	6.44
9	4	14	20	0.7	40	57.00	44.72	29.59	34.85	28.00	9.85
10	10	14	20	0.7	40	42.50	32.00	17.79	49.95	44.00	31.84
11	4	23	20	0.7	40	63.00	52.18	31.38	38.90	32.00	11.62
12	10	23	20	0.7	40	47.00	37.63	19.18	56.00	48.00	33.23
13	4	14	50	0.7	40	36.40	33.00	23.43	19.34	18.00	2.75
14	10	14	50	0.7	40	19.20	16.33	6.89	36.80	25.63	12.16
15	4	23	50	0.7	40	45.60	39.83	26.50	26.20	23.00	6.70
16	10	23	50	0.7	40	28.80	23.16	10.88	42.94	31.45	14.20

(ciąg dalszy na następnej stronie)

Tabela 2.3, ciąg dalszy

Biegnij. Nie.	Projektowanie eksperymentalne					Usunięcie MO (%)			Usunięcie MB (%)		
	pH	Światło	Barwn iki	Catalyst	Czas	UV	COD	TOC	UV	COD	TOC
17	4	14	20	0.3	120	45.95	32.27	25.24	33.45	26.00	14.17
18	10	14	20	0.3	120	41.55	28.09	22.66	37.50	28.00	19.32
19	4	23	20	0.3	120	59.00	49.09	35.09	41.00	22.00	7.49
20	10	23	20	0.3	120	49.50	39.72	25.92	46.35	34.00	19.33
21	4	14	50	0.3	120	36.44	30.16	20.23	18.80	12.00	7.66
22	10	14	50	0.3	120	22.50	16.83	13.28	30.46	26.36	20.57
23	4	23	50	0.3	120	52.60	41.36	25.40	29.88	16.90	8.95
24	10	23	50	0.3	120	39.76	31.33	22.56	38.86	31.45	24.89
25	4	14	20	0.7	120	79.80	69.72	53.26	44.15	36.00	19.41
26	10	14	20	0.7	120	58.00	49.09	30.09	71.00	66.00	45.64
27	4	23	20	0.7	120	83.35	73.54	54.46	59.00	48.00	27.24
28	10	23	20	0.7	120	64.55	52.90	31.40	75.50	68.00	46.41
29	4	14	50	0.7	120	55.68	43.00	30.56	25.98	16.90	3.12
30	10	14	50	0.7	120	33.20	24.66	16.96	48.00	38.72	25.98
31	4	23	50	0.7	120	56.80	43.83	29.66	32.00	21.81	5.22
32	10	23	50	0.7	120	34.88	25.50	16.16	54.20	43.63	28.20

(ciąg dalszy na następnej stronie)

Tabela 2.3, ciąg dalszy

Biegnij. Nie.	Projektowanie eksperymentalne					Usunięcie MO (%)			Usunięcie MB (%)		
	pH	Światło	Barwniki	Catalyst	Czas	UV	COD	TOC	UV	COD	TOC
33	4	18.5	35	0.5	80	68.00	53.15	37.45	28.00	19.25	7.16
34	10	18.5	35	0.5	80	47.00	35.57	25.34	42.14	31.75	19.90
35	7	14	35	0.5	80	59.40	48.63	42.88	51.51	38.00	21.95
36	7	14	35	0.5	80	81.57	64.68	50.95	54.77	41.25	23.08
37	7	18.5	20	0.5	80	70.85	50.81	40.12	57.00	40.00	17.83
38	7	18.5	50	0.5	80	48.00	38.83	28.05	39.80	27.72	12.70
39	7	18.5	35	0.3	80	48.00	41.07	38.88	45.00	36.75	22.12
40	7	18.5	35	0.7	80	64.00	51.84	41.29	50.00	28.25	18.22
41	7	18.5	35	0.5	40	60.97	50.68	43.02	50.28	33.50	21.15
42	7	18.5	35	0.5	120	78.91	64.73	51.19	57.37	42.50	32.18
43	7	18.5	35	0.5	80	69.54	58.68	47.99	53.80	34.50	27.38
44	7	18.5	35	0.5	80	68.62	57.57	48.22	53.00	34.45	27.95
45	7	18.5	35	0.5	80	68.02	56.78	47.92	53.14	35.00	27.98
46	7	18.5	35	0.5	80	67.17	55.68	48.12	52.71	34.25	27.02
47	7	18.5	35	0.5	80	66.94	56.73	48.29	52.91	35.75	28.57
48	7	18.5	35	0.5	80	67.17	56.89	47.85	52.65	35.50	28.08
49	7	18.5	35	0.5	80	68.65	57.84	47.82	53.48	34.52	27.32
50	7	18.5	35	0.5	80	68.31	59.94	47.95	53.37	35.55	26.15

Tabele 2.4 i 2.5 podsumowują również minimalne i maksymalne zabarwienie, ChZT i usuwanie TOC MO i MB.

Tabela 2.4: Parametry wyjściowe (MO)

Wyjście	Parametry opis	Charakterystyka parametrów	
		Wartość minimalna	Wartość maksymalna
wyjście 1	UV	13.66	83.35
wyjście 2	COD	11.00	73.54
wyjście 3	TOC	3.30	54.46

Tabela 2.5: Parametry wyjściowe (MB)

Wyjście	Parametry opis	Charakterystyka parametrów	
		Wartość minimalna	Wartość maksymalna
wyjście 1	UV	13.82	75.5
wyjście 2	COD	7.09	68
wyjście 3	TOC	2.75	46.41

Aby lepiej przeanalizować wydajność systemu i zaprojektować system o najlepszych właściwościach, należy wybrać podzbiór najistotniejszych i najbardziej wpływowych parametrów oraz przewidzieć, które kowarianty mają największy wpływ na reakcję zainteresowania. Ten proces selekcji nazywany jest "wyborem zmiennym". Sieci neuronowe można zdefiniować jako architektury, które składają się z dużych, równoległych, adaptacyjnych elementów przetwarzających połączonych za pomocą sieci strukturalnych (Kwong, Wong i in. 2009, Chan, Ling i in. 2011). Zasadniczo, z siecią neuronową jako podstawą, można modelować złożoną architekturę systemu w funkcji aproksymacji i regresji. W związku z tym, proces doboru zmiennych jest kluczowy dla wygenerowania modelu zdolnego do oszacowania specjalnych wyników procesu. Dlatego też, aby zbudować model zdolny do przewidywania konkretnych wyników procesu, niezbędne jest znalezienie podzbioru zmiennych, które są istotne dla danego wyniku (Buyukbingol, Sisman i in. 2007, Singh, Kainthola i in. 2012). Parametry, które są nieistotne, mogą być oddzielone i usunięte przed "wyborem zmiennej" na podstawie istniejących informacji z literatury. W przeciwnym razie można zastosować procedurę optymalizacyjną przy użyciu algorytmów genetycznych. Celem jest dobór odpowiednich parametrów objaśniających (wejściowych), a tym samym zminimalizowanie błędu istniejącego wśród wartości obserwowanych i przewidywanych. W niniejszej pracy wykorzystano adaptacyjny neurofuzzy inference system (ANFIS) do doboru zmiennych (Geethanjali and Raja Slochanal 2008). Mając na celu organizację fuzzy inference system ANFIS analizuje pary danych wejściowych/wyjściowych. Daje to logice rozmytej możliwość określenia, w jaki sposób główne parametry wpływają na wynik końcowy.

Do wygenerowania z góry określonych podzbiorów wejść i wyjść wymagane jest skonstruowanie zestawów reguł rozmytych "JEŻELI JEST TO" wraz z odpowiednimi funkcjami członkowskimi (MF). ANFIS może służyć jako fundament dla takiej konstrukcji. Dane wejściowe i wyjściowe są przekształcane na funkcje członkostwa. ANFIS pobiera początkowy FIS i dostosowuje go za pomocą algorytmu propagacji wstecznej, zgodnie ze zbiorem danych wejściowych i wyjściowych. System FIS składa się z trzech elementów - (i) bazy danych, (ii) bazy reguł i (iii) mechanizmu rozumowania. Baza danych przydziela MFs, które są stosowane w regułach rozmytych. Podstawa reguł obejmuje wybór reguł rozmytych. Mechanizm rozumowania wywodzi się z reguł i danych wejściowych, dając wykonalny wynik. Inteligentna kombinacja wiedzy, metod i technik pochodzących z różnych źródeł dobrze dostosowuje się do zmieniającego się środowiska.

MATLAB zatrudnia FIS w całym procesie szkolenia i oceny. FIS integruje ludzkie rozumienie, pośredniczy i podejmuje decyzje. W oparciu o wyniki ANFIS, 2 zmienne wejściowe, przedstawione na rys. 3.2, były najbardziej wpływowymi parametrami operacyjnymi na fotoaktywność Cu-TiO2/ZnO w zaawansowanej reakcji utleniania dla uzdatniania wody.

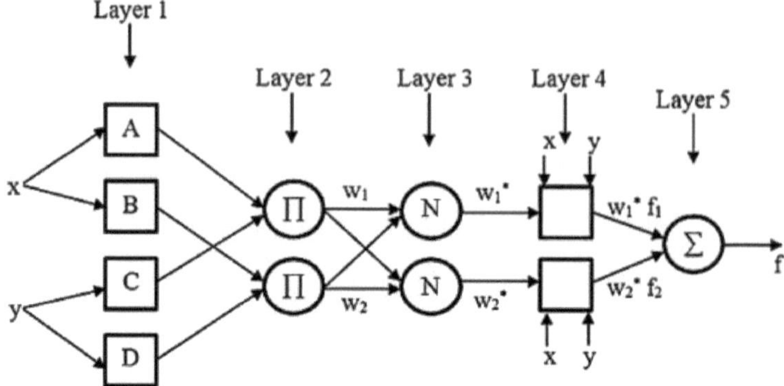

Rysunek 2.2: Struktura ANFIS.

W badaniu tym zastosowano zasady fuzzy IF-THEN z klasy Takagi i Sugeno's oraz dwóch nakładów dla pierwszego rzędu Sugeno, jak pokazano poniżej:

jeśli A jest dla x, a C jest dla y to $f_1 = p_1 x + q_1 y + r_1$ (2–5)

Na rys. 3.2 pierwsza warstwa składa się z funkcji członkostwa zmiennych wejściowych (MFs), które dostarczają wartości wejściowe tylko do następnej warstwy. Każdy węzeł w tym miejscu jest uważany za węzeł adaptacyjny posiadający funkcję węzła $O = \mu_{AB}(x)$ oraz $O = \mu_{CD}(x)$ gdzie $\mu_{AB}(x)$ oraz $\mu_{CD}(x)$ to funkcje członkowskie. Wybrano funkcje członkostwa w kształcie dzwonka o minimalnych i maksymalnych wartościach (0,0) i (1,0).

$$\mu(x) = \text{dzwonek}(x; a_i, b_i, c_i, d_i) = \frac{1}{1+\left[\left(\frac{x-c_i}{a_i}\right)^2\right]^{b_i}} \qquad (2\text{–}6)$$

Tutaj, zestaw $\{a_i, b_i, c_i, d_i\}$ składa się z zestawów parametrów. Zestawy te są wyznaczane jako zakładane parametry. Poza tym, x oraz y są wejściami do węzłów. Stanowią one połączoną wersję dwóch najbardziej wpływowych zmiennych na fotoredukcję MO i MB w obecności fotokatalizatora Cu-TiO2/ZnO.

Warstwa członkowska (druga warstwa) wyszukuje wagi każdej funkcji członkowskiej. Warstwa ta otrzymuje wartości wejściowe z poprzedniej warstwy (pierwsza warstwa) i działa jako funkcja dodatkowa, reprezentując odpowiednie rozmyte zbiory zmiennych wejściowych. Wszystkie węzły w drugiej warstwie są nieadaptacyjne. Ta warstwa działa jako mnożnik dla sygnałów odbiorczych i wysyła oucomę w równym stopniu (2-7):

$$w_i = \mu_{AB}(x)*\mu_{CD}(y) \qquad (2-7)$$

Każdy węzeł wyjściowy wykazuje siłę odpalenia zasady. Każdy węzeł w trzeciej warstwie oblicza znormalizowane ciężary. Warstwa ta jest również nieadaptacyjna i każdy węzeł oblicza stosunek siły wypału reguły do sumy sił wypału wszystkich reguł w postaci poniższego równania.

$$w_i^* = \frac{w_i}{w_1 + w_2}, \ i = 1,2 \qquad (2-8)$$

Wyniki są określane jako znormalizowana siła ognia. Czwarta, warstwa defuzzyfikacyjna, dostarcza wartości wyjściowych wynikających z wnioskowania reguł. Każdy węzeł w tej warstwie jest adaptacyjny i posiada funkcję węzła.

$$O_i^4 = w_i^* xf = w_i^*(p_i x + q_i y + r_i) \qquad (2-9)$$

W tej warstwie, $\{p_i, q_i, r\}$ jest zestawem zmiennych. Zmienna set jest wyznaczana jako parametr wynikowy.

Ostatnia warstwa jest znana jako warstwa wyjściowa (piąta), która sumuje wszystkie wejścia odbiorcze z poprzedniej warstwy i przekształca wyniki klasyfikacji rozmytej na binarną (crisp). Warstwa ta traktuje pojedynczy węzeł w warstwie wyjściowej jako nieadaptacyjny. Pojedynczy węzeł oblicza sumę wszystkich sygnałów wyjściowych jako sumę wszystkich sygnałów odbiorczych.

$$O_i^5 = \sum_i w_i^* x f = \frac{\sum_i w_i f}{\sum_i w_i} \qquad (2-10)$$

Do identyfikacji zmiennych w architekturach ANFIS stosowane są hybrydowe algorytmy uczenia się. Sygnały funkcjonalne postępują aż do ^{czwartej} warstwy, przez którą przechodzi hybrydowy algorytm uczenia się. Następnie, wynikowe zmienne są wyznaczane za pomocą estymacji o najmniejszym kwadratu. W przejściu wstecznym, kolejność spadku gradientu synchronizuje zmienne założenia, ponieważ wskaźniki błędu krążą wstecz.

2.5 Aktywność fotokatalityczna

Zgodnie z naszą wiedzą, nie przeprowadzono żadnych badań w celu zintegrowania zalet miedzi w hybrydowej matrycy zawierającej dwa półprzewodniki TiO2 i ZnO w celu uzyskania zalet miedzi w obsłudze dwóch półprzewodników jednocześnie. W związku z tym jej zachowanie i efekty w takich układach są niejasne. W związku z tym w niniejszej pracy zsyntetyzowano, scharakteryzowano i oceniono pod względem aktywności fotokatalitycznej poprzez rozkład błękitu metylenowego (MB) i pomarańczy metylowej (MO) hybrydę Cu-TiO2/ZnO. Zbadano wpływ pięciu głównych parametrów procesu: stężenia barwnika, ładunku katalizatora, początkowego pH, natężenia napromieniania światłem widzialnym oraz czasu reakcji, stosując centralny projekt kompozytu (CCD). Tabela 2.6. Przedstawiono główne właściwości badanych barwników.

Tabela 2.6: Główne właściwości badanych barwników

Badany barwnik	Formuła	Struktura molekularna	*Mw* (g.mol-1)	λ_{max} (nm)	pKa	Wskaźnik barwy
Błękit metylenowy	C16H18N3SCl		319.852	664	9.0	52.015
Pomarańcza metylowa	C14H14N3NaO3S		327.33	508	6.0	13025

Aktywność fotokatalityczną syntetyzowanego fotokatalizatora oceniano poprzez fotodegradację zarówno błękitu metylenowego, jak i pomarańczy metylowej w świetle widzialnym. **Rysunek 2.3.** Pokazano konfigurację fotoreaktora.

(a) (b)

Rysunek 2.3. Ustawienie fotoreaktora (a) przed eksperymentem (b) w trakcie eksperymentu.

Doświadczenia przeprowadzono w cylindrycznym fotoreaktorze Pyrex (ID=8cm, H=13cm), jako fotoreaktorze wsadowym, pokrytym folią aluminiową i wyposażonym w mieszadło magnetyczne utrzymujące fotokatalizator zawieszony w roztworze wodnym oraz urządzenie do dystrybucji powietrza. Fotoreaktor został napromieniowany świetlówką (natężenie światła: 18-23Watt) o emisji długości fali w zakresie 400-550 nm, umieszczoną w środku fotoreaktora. Najpierw zawiesinę katalizatora zawieszano w określonym wcześniej stężeniu MB lub MO. Następnie dostosowano pH roztworu do wybranej wartości za pomocą kwasu solnego (HCl, 1,0M) lub wodorotlenku sodu (NaOH, 1,0M) przy użyciu pehametru (EUTECH, CyberScan pH 300). Przed napromieniowaniem zawiesinę mieszano magnetycznie w ciemności przez 60 min, aby osiągnąć równowagę sorpcyjną. Reakcja fotokatalityczna została następnie zainicjowana pod wpływem światła widzialnego. Próbki cieczy były pobierane w regularnych odstępach czasu i filtrowane przez filtr membranowy z jednorazową strzykawką w celu usunięcia pozostałej cząstki katalizatora z roztworu wodnego. Następnie analizowano fotoaktywność syntetyzowanego fotokatalizatora pod kątem zabarwienia, ChZT i usuwania TOC. Chłonność roztworu barwnika mierzono za pomocą spektrofotometru UV-Vis (Spectroquant-Pharo 300) na podstawie krzywej kalibracyjnej otrzymanej przy użyciu standardowych roztworów MB/MO, która przedstawia zależność absorbancji od stężenia barwnika. Wartości *chemicznego zapotrzebowania na tlen* (ChZT, mg.L-1) wyznaczono przy użyciu kuwety do badań ChZT dostarczonej przez Merck w termoreaktorze (Spektrokwant TR 420) zgodnie ze standardową metodą (APHA, AWWA i WFE, 1998). Całkowity węgiel organiczny (TOC, mg.L-1) mierzono roztworem ftalanu potasu jako wzorca kalibracji przy użyciu (analizator Shimadzu TOC-VCSH). Wydajność rozkładu pod względem udziału procentowego zabarwienia, ChZT i usunięcia TOC obliczano za pomocą następującego równania. Gdzie, C0 i Ct są wartościami początkowymi i zachowanymi odpowiednio barwy, ChZT lub TOC.

$$Degradation\ Efficiency\ (\%) = \frac{(C_0 - C_t)}{C_0} \times 100 \qquad (2-11)$$

Rozdział 3

Właściwości fizykochemiczne nowego domieszkowanego fotokatalizatora

3.1 Wprowadzenie

W tym rozdziale omówiono wyniki uzyskane z analizy termo-grawimetrycznej TGA, XRD Identyfikację struktur i czystości fazowej próbek TiO2/ZnO z domieszką Cu przeprowadzono za pomocą dyfraktometru rentgenowskiego, fazę krystaliczną wszystkich próbek zidentyfikowano przez porównanie z plikami Joint Committee on powder Diffraction Standard (JCPDS) oraz rozmiar krystaliczny obliczono za pomocą równania scherrer, powierzchnię próbki określono przy użyciu Tellera Brunauera Emmetta, przeprowadzono badania morfologiczne próbek, wykorzystano skaningowy mikroskop elektronowy (SEM) i transmisyjny mikroskop elektronowy (TEM) do obserwacji wewnętrznej struktury próbek, wykorzystano odbicie rozproszone UV-vis do określenia widm odbicia rozproszonego UV-vis. Poziom energii szczeliny pasmowej wyznaczono za pomocą modelu Kubelka-Munka. Uzyskane wyniki wskazują na znaczną poprawę charakterystyki Cu-TiO2/ZnO w porównaniu z TiO2 i ZnO.

Zsyntetyzowano nanokrystaliczny proszek kompozytowy TiO2/ZnO z domieszką Cu o stosunku masowym TiO2/ZnO wynoszącym 7/3 i 1-5% stężenia miedzi, kalcynowany w temperaturze 500 ◦C i 700 ◦C, który scharakteryzowano i oceniono w niniejszej pracy. Fotoaktywność nowej hybrydy Cu domieszkowanej TiO2/ZnO badano pod kątem fotodegradacji dwóch różnych barwników pomarańczy metylowej MO i błękitu metylenowego MB w świetle widzialnym. Ponadto, wykorzystano ANFIS (Adaptive Neuro Fuzzy Inference System) do zbadania wpływu pięciu niezależnych zmiennych, w tym stężenia barwnika i katalizatora, pH, intensywności napromieniania światła i czasu reakcji na fotokatalityczną wydajność Cu-TiO2/ZnO. Przeprowadzono analizę wrażliwości w celu określenia wpływu parametrów pracy miedzi TiO2/ZnO na parametry pracy.

3.2 Analiza termo-grawimetryczna

W celu wyjaśnienia stabilności termicznej kompozytu Cu-TiO2/ZnO w proszku przeprowadzono analizę termograwimetryczną przy użyciu suchego żelu kompozytowego o frakcji masowej Cu wynoszącej 1wt%, 3wt% i 5wt%. Wyniki ubytku masy w wyniku rozkładu i analizy termograwimetrycznej pochodnej (DTG) przedstawiono na rys. 3.1.

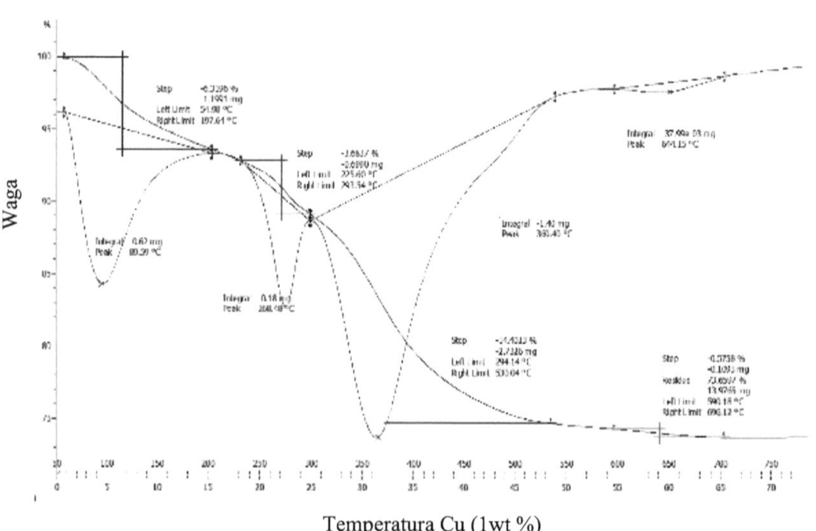

"Rysunek 3.1, ciąg dalszy

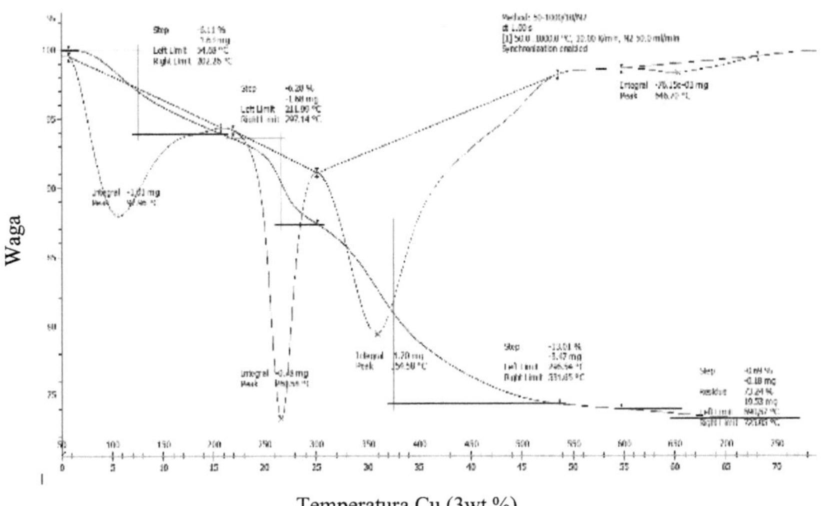

Temperatura Cu (3wt %)

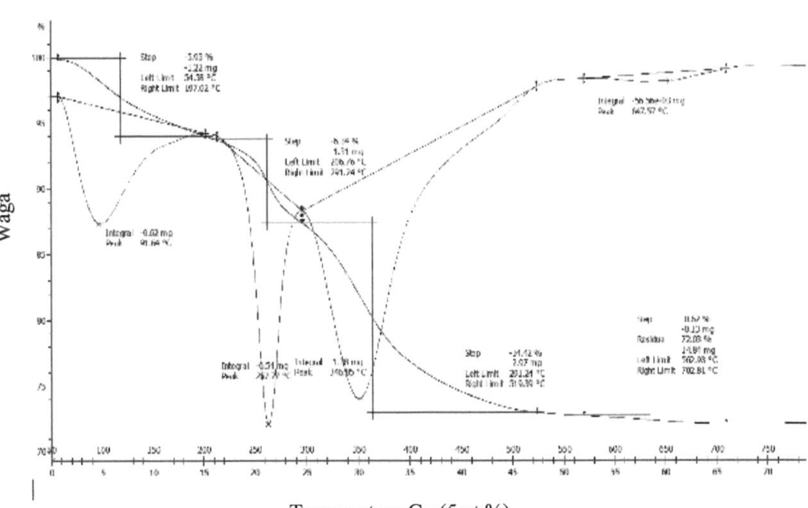

Temperatura Cu (5wt %)

Rysunek 3.1: Krzywe TGA dla proszku kompozytowego Cu-ZnO/TiO2 z Cu koncentracja -: Cu (1wt%), - - -: Cu (3wt%), ---: Cu (5wt%). (prędkość grzewcza 10°C/min).

Zidentyfikowano trzy główne fazy utraty masy podczas całego procesu rozkładu termicznego/spalania. Niewielki ubytek masy, wynoszący od 5,93 do 6,31 Wt%, obserwowany na wszystkich wykresach w temperaturze poniżej 115°C, wynikał z utraty fizycznie adsorbowanej wody i rozpuszczalnika. Faza ta uległa niewielkiemu zmniejszeniu (około 1wt%) wraz ze wzrostem stężenia Cu. Faza rozkładu rozpoczęła się po odparowaniu rozpuszczalnika. Na podstawie rys. 3.1. stwierdzono, że faza ta przebiegała w temperaturze od 200 do 260°C, powodując zmniejszenie masy całkowitej o 3,68, 6,28 i 6,34wt%. Jak zaobserwowano, redukcja masy była drastycznie niższa przy stężeniu miedzi 1wt%. Trzeci etap, który wystąpił w temp. od ok. 270 do 380°C, związany był zarówno z rozkładem pozostałości grupy organicznej, jak i kondensacją faz anatazowych TiO2. Podobne wyniki uzyskano również dzięki (Ramimoghadam, Bagheri et al. 2014)... Z analizy wynika, że temperatura przypisana tej fazie przesunęła się w dolnym zakresie ze wzrostem Cu spowodowanym przez związki tworzone przez miedź. Takie wyniki wykazały wpływ miedzi i jej związków na stabilność termiczną Cu-TiO2/ZnO.

3.3 Charakterystyka struktury Cu-TiO2/ZnO

Ponadto TiO2 ma trzy główne struktury krystaliczne: anatazową (tetragonalną), rutylową (tetragonalną) i brookitową (ortorombową). Anataza jest fazą zwykle wytwarzaną w procesie zol-żel, ale brookit występuje głównie jako produkt uboczny, gdy wytrącanie odbywa się w środowisku kwaśnym w niskiej temperaturze. Rutylu jest stabilną strukturą, podczas gdy zarówno brookit, jak i anataza są przerzutowalne i zwykle przekształcają się w rutyl po podgrzaniu. Ogólnie rzecz biorąc, brookit jest bardziej reaktywny niż anataza. Jednak przygotowanie czystego brookitu bez rutylu i anatazy jest raczej trudne i dlatego nie zostało szeroko zbadane (Paola i in. 2013). Poza tym anataza ma wyższą aktywność fotokatalityczną w porównaniu z rutylem, ponieważ jej wyższy ECB (0,2 eV) powoduje wyższą siłę napędową do przenoszenia elektronu na O2. Jest to spowodowane tym, że pozycja EBC wpływa na szybkość transferu elektronów, a następnie na szybkość rekombinacji ładunków. Jest to zatem czynnik decydujący o wydajności fotokatalizy. Zawsze zgłaszano, że na aktywność fotokatalityczną zarówno struktur anatazowych jak i rutylowych duży wpływ mają rodzaje zastosowanych substratów (Serpone i in. 1996; Du i Rabani 2003; Ryu i Choi 2007; Tryba i in. 2007).

Dyfrakcja rentgenowska (XRD) wyjaśnia strukturę krystaliczną Cu- TiO2/ZnO w różnych stężeniach TiO2 i ZnO oraz temperaturach kalcynacji. Rys. 3.2 (a i b) przedstawia wzorce XRD próbek zawierających 1-5 Wt% Cu, poddanych kalcynacji odpowiednio w temperaturze 500°C (rys. 3.2a) i 700°C (rys. 3.2b). Standardowe wzory JCPDS tlenku cynku (kod referencyjny 98-002-9272), fazy krystaliczne TiO2 łącznie z anatazą (00-021-1272), rutylem (01-075-1750) i brookitem (00-029-1360), Cu2O (00-05-0667) i CuO (00-48-1548) zostały wykorzystane do analizy otrzymanych wzorów w tym badaniu. Generalnie, dla Cu- TiO2/ZnO z obciążeniem 1wt% miedzi, który był kalcynowany w temperaturze 500°C, kryształ był raczej amorficzny. Jednakże, kryształ ten krystalizował się dobrze, a zawartość miedzi wzrastała w osnowie. Poza tym, jak pokazano na rys. 4.2a, wśród struktur krystalicznych TiO2, szczyty dyfrakcyjne anatazy i brookitu wykazywały najsilniejsze natężenie po kalcynowaniu w temperaturze 500°C, wskazując na ich główne fazy w obrębie fotokatalizatora na tym etapie. Tymczasem w Cu-TiO2/ZnO kalcynowanym w temperaturze 500°C wykryto również ślady rutylu. Ponieważ temperatura kalcynacji wzrosła do 700°C, fazy krystaliczne zmieniły się odpowiednio. Najsilniejsze piki w tych próbkach nie pochodziły ani z brookitu, ani z anatazy, lecz z rutylu, co wskazuje na przejście fazy krystalicznej w kierunku rutylu w temperaturze 700°C. W tym czasie w próbkach Cu-TiO2/ZnO wykryto również ślady rutylu. Obserwacje te są zgodne z obserwacjami uzyskanymi w literaturze (Bakardjieva, Stengl et al. 2006). Jak donosi Paola i wsp. (Paola, Bellardita et al. 2013), struktura anatazy była zwykle generowana w syntezie TiO2 metodą zol-żel, podczas gdy brookit był zwykle produktem ubocznym, gdy wytrącanie odbywało się w środowisku kwaśnym w niskiej temperaturze. Rutyl jest strukturą stabilną, podczas gdy brookit i anataza są przerzutowalne i mogą potencjalnie przekształcić się w rutyl po podgrzaniu.

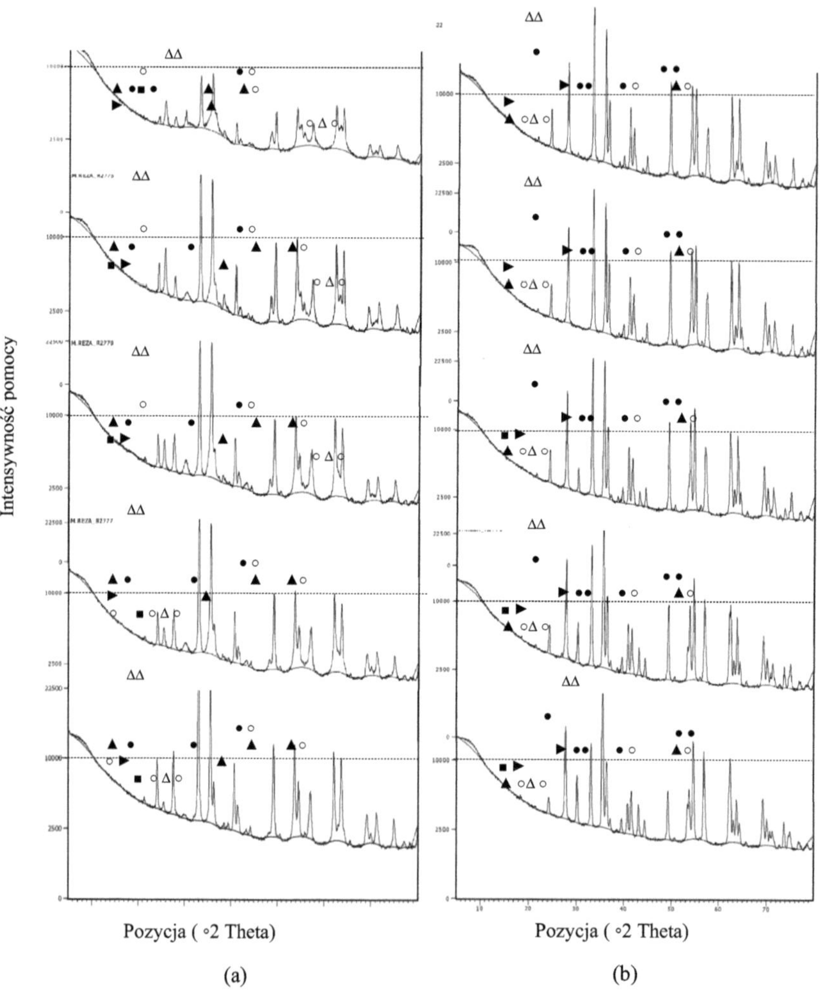

Rysunek 3.2. Wzorce XRD syntetycznych Cu- TiO2/ZnO kalcynowanych w temperaturze a) 500°C b) 700°C.

○:Anatase, ●:Rutile, ▲:Brookite, Δ:ZnO, ►:ZnTiO3, ■:Cu2O, ▲:Cu2HNO3

Oprócz kryształów TiO2, w tych fotokatalizatorach znaleziono ZnO o silnym natężeniu piku dyfrakcji. W badaniach nie udało się jednak zidentyfikować kilku pików ZnO na podstawie pików standardowych. Tymczasem więcej ZnO/TiO2 zostało wyraźnie wykrytych, zwłaszcza w przypadku tych, które zostały poddane kalcynacji w temperaturze 700°C, co wskazuje na rozległą reakcję opisaną poniżej (Batistella, Lerin et al.).

$$ZnO + TiO_2 \longrightarrow ZnO/TiO2 \qquad (3-1)$$

Wyniki potwierdziły, że fotodepozycja zmodyfikowała podstawową strukturę krystaliczną ZnO i przekształciła ją w ZnO/TiO2. Zjawisko to może być spowodowane jednorodnym rozproszeniem nanoskalowych złóż miedzi na powierzchni ZnO. Z drugiej strony, obecność dużej ilości cynku w próbkach kalcynowanych w temperaturze 500°C wskazywała na to, że wyżej wymieniona transformacja nie została w pełni osiągnięta do fotokatalizy w tej temperaturze.

Pod względem ilości miedzi, zgodnie z wzorcami XRD (rys. 4.2), sygnał Cu2O był wyraźnie obserwowany (2θ około 29,63°), a intensywność tych pików wzrastała wraz z obciążeniem miedzią, co wyjaśniało, że przy obciążeniu miedzią otrzymano większą frakcję masową Cu2O. Nie zaobserwowano natomiast wzorca dyfrakcyjnego CuO, ponieważ CuO lub małe wymiary składowych Cu znajdowały się poniżej granicy wykrywalności XRD. Inną możliwą przyczyną może być wysoka dyspersja CuO w ramach TiO2. Ponadto, porównując wzorce XRD Cu-TiO2/ZnO z czystym TiO2 (Zhu, Hartmann et al. 2000) i biorąc pod uwagę zawartość Cu w obu fotokatalizatorach kalcynowanych w temperaturze 500 i 700 °C, stwierdzono, że faza anatazowa początkowo zwiększała się wraz z zawartością Cu do 2wt%, a następnie nieco zmniejszała się procentowo.

Tymczasem ilość fazy rutylu została wzmocniona w obu kategoriach syntezowanego Cu-TiO2/ZnO. Można zatem sugerować, że zawartość domieszki powyżej 2%wt wspomagała przemianę fazową z anatazy do rutylu. Wynikało to z faktu, że powierzchniowe stężenie pustki tlenowej ziaren anatazy jest wzmacniane Cu, co korzystnie wpływa na uporządkowanie jonów i przekształcenie struktury w strukturę rutylu (Rahman, Ahmed et al. 1995). Innymi słowy, ponieważ zsyntetyzowane fotokatalizatory były kalcynowane w warunkach atmosferycznych, stan chemiczny Cu to Cu+ (na podstawie wzoru XRD), który może być substytutem Ti4+ przekształcanym TiO2 w gęstszą fazę rutylu. Inną możliwą przyczyną było to, że gęstość wad powierzchniowych fotokatalizatora może wzrastać wraz ze wzrostem zawartości Cu, co prowadzi do transformacji fazowej, ponieważ wady powierzchniowe zostały uznane za miejsca zarodkowania rutylu (Jongsomjit, Sakdamnuson et al. 2004). Ustalenie to było zgodne z ustaleniami Fe-doped TiO2 (Gennari and Pasquevich 1998) lub Al-doped TiO2 (Vemury and Pratsinis 1995). Ponadto, procentowy udział fazy anatazowej w Cu-TiO2/ZnO zmniejszał się wraz ze wzrostem temperatury kalcynacji z 500 do 700 °C, co jest odwrotne do trendu przechodzącego przez fazę ruletki w tych temperaturach kalcynacji. Dlatego też faza rutylu zdominowała strukturę TiO2, gdy temperatura kalcynacji wynosiła 700°C (rys. 3.2).

Z drugiej strony, kilka pików fazy anatazowej okazało się stabilnych zarówno w temperaturze 500°C, jak i 700°C. Przypisuje się to stabilności termodynamicznej anatazy. Wysoka stabilność termodynamiczna anatazy, w porównaniu z fazą rutylu, jest zjawiskiem sprawdzonym w mniejszych krystalitach (Hirano, Nakahara i in. 2002, Baiju, Shajesh i in. 2007, Hamadanian, Reisi-Vanani i in. 2010). Należy jednak wziąć pod uwagę również efekt dopingu. Podczas procesu zol-żel domieszka znacząco kontroluje wzrost krystalitu (zwłaszcza w przypadku krystalizacji fazy anatazowej). Chociaż zawartość domieszki zwiększała miejsca zarodkowania rutylu lub przenosiła TiO2 do gęstszego rutylu, Cu2O i cząsteczki CuO adsorbowane na powierzchni TiO2 powodowały powolny wzrost krystalitu. Dlatego kluczowa jest równowaga pomiędzy ilością domieszki, która zachowuje się jak miejsca zarodkowania rutylu, a ilością Cu2O lub CuO, która jest adsorbowana na powierzchni fotokatalizatora.

3.4 Wielkość kryształu, powierzchnia właściwa i wielkość cząstek Cu- TiO2/ZnO

Średnią wielkość kryształów nanocząstek wyznaczono z pełnej szerokości połowy maksimum (FWHM) najbardziej intensywnych pików poszczególnych kryształów za pomocą równania Scherrera:

$$D = C_s.k / \beta.\cos\theta \qquad (3\text{–}2)$$

gdzie D jest równe lub mniejsze od wielkości ziarna krystalitu, cs jest stałą Scherrera, która ma wartość między 0,9 a 1,2, w zależności od kształtu cząstek (w tym badaniu Cs=0,94), k jest długością fali padającego promieniowania rentgenowskiego, θ jest kątem dyfrakcji Bragga i β jest pełną szerokością połowy maksimum (V.D. Binas 2012). Odpowiednio, TiO2 pików (105) (211) (204) dla fazy anatazowej, TiO2 pików (110) (211) (220) dla fazy rutylu i TiO2 pików (320) (151) (052) dla fazy brookitowej, ZnO pików (002), (101) i ZnTiO3 pików (103) zostały uwzględnione. Szczyty brookitowe (320) (151) uwzględniono jednak tylko dla temperatur kalcynacji 500 °C, natomiast szczyty rutylu (211) (220) tylko dla temperatur kalcynacji 700 °C. Z kolei szczyty TiO2 (320) (151) (052) dla fazy brookitowej, ZnO (002), (101) i ZnTiO3 (103). Metodą Brunauera-Emmetta-Tellera, (BET) oszacowano również powierzchnię właściwą syntetycznych fotokatalizatorów. Wyniki przedstawiono w tabeli 3.1.

Tabela 3.1: Wielkość krystalitu i powierzchnia fotokatalizatora Cu- TiO2/ZnO przygotowanego w różnych temperaturach kalcynacji i stężeniach związków.

Fotokatalizator	Cu (wagowo)	Kalkulacja Temperatura	Rozmiar kryształu (nm)	Wielkość cząstec zek (m2/g)	Obszar powierzchniowy (m2/g)	Ref.
ZnO	-	500 °C	33.0	-	-	(S. Abedini Khorramia, G. Mahmoudzadeha et al. 2011)
ZnO	-	700 °C	30.0	-	-	(S. Abedini Khorramia, G. Mahmoudzadeha et al. 2011)
TiO2	-	500 °C	18.9	-	-	(Aguilar, Navas et al. 2013)
TiO2	-	700 °C	42.3	-	-	(Aguilar, Navas et al. 2013)
Cu-ZnO/TiO2	1	500 °C	28.2	5.58	29.1	Aktualnie
Cu-ZnO/TiO2	2	500 °C	37.1	2.94	-	Aktualnie
Cu-ZnO/TiO2	3	500 °C	37.6	4.13	71.2	Aktualnie
Cu-ZnO/TiO2	4	500 °C	38.2	3.40	-	Aktualnie
Cu-ZnO/TiO2	5	500 °C	39.9	3.89	117.9	Aktualnie
Cu-ZnO/TiO2	1	700 °C	36.1	36.35	37.4	Aktualnie
Cu-ZnO/TiO2	2	700 °C	42.4	18.97	-	Aktualnie
Cu-ZnO/TiO2	3	700 °C	50.8	9.08	80.1	Aktualnie
Cu-ZnO/TiO2	4	700 °C	53.3	18.11	-	Aktualnie
Cu-ZnO/TiO2	5	700 °C	54.9	16.06	126.6	Aktualnie

Ogólnie rzecz biorąc, na średnią wielkość krystalitu Cu- $TiO2/ZnO$ duży wpływ miała temperatura kalcynowania, a wzrost wielkości krystalitu poprawia aktywność katalizatora. Jak zauważono, gdy temperatura kalcynacji wzrosła z 500 do 700°C, wielkość krystalitu Cu- $TiO2/ZnO$ stopniowo wzrastała. Wynikało to głównie z przemiany fazowej z anatazy do rutylu oraz z ZnO do $ZnTiO3$. Jak wynika z tabeli 3.1, zawartość fazy rutylu i $ZnTiO3$ wzrosła odpowiednio o około 20,24% i 3,74%. Innymi słowy, wzrost temperatury kalcynacji powodował przemiany fazowe i przyspieszał wzrost krystalitów. Wzrost wielkości kryształu wraz z temperaturą kalcynowania był również zgłaszany przez wielu innych naukowców (Ahn, Kim i in. 2003, Hamadanian, Reisi-Vanani i in. 2009, Sahu, Hong i in. 2009, Hamadanian, Reisi-Vanani i in. 2010, Shi, Chen i in. 2010).

Wzorce XRD wykazały, że najbardziej intensywny szczyt anatazowy o szerokości (101) płaszczyzny przy pojawieniu $2\theta = 25.6$ się w temperaturze kalcynacji 500°C i zniknięciu poprzez zwiększenie temperatury kalcynacji do prawie 700°C. Schematy XRD pokazały również, że piki fazy rutylu stały się szersze i bardziej intensywne w temperaturze 700°C (tj. (2 0 0) płaszczyzna w $2\theta = 39.5$, (111) płaszczyzna w $2\theta = 41.5$, (210) płaszczyzna w , $2\theta = 43$ itd). Aby uzyskać obraz ilościowy, w temperaturze 500°C krystaliczny rozmiar fazy rutylu osiągnął maksimum 35,04 nm, ale stał się 39,93nm, ponieważ temperatura wzrosła do 700°C przy stężeniu miedzi 5wt%. W tym samym stanie, wielkość krystalitu ZnO spadła z 33,17 do 28,73. Tymczasem $ZnTiO3$ wzrosło monotonnie z 30,99 nm do 34,08 nm z temperaturą kalcynowania, wykazując przemiany ZnO w $ZnTiO3$ przez kw. 16. Z tabeli 3.1. wynika, że średni rozmiar kryształu zwiększał się wraz z obciążeniem dopantem, co wynikało z transformacji fazowej i było zgodne z innymi opublikowanymi pracami. Na przykład, Inturi et al. (Inturi, Boningari et al. 2014) który badał wpływ różnych domieszek na kryształy $TiO2$ donosił, że Ce, Y, Zr i Mo zmniejszyły rozmiar kryształu anatazowego, podczas gdy inne metale, tj. V, Cr, Fe, Co, Mn, Ni i Cu zwiększyły rozmiar kryształu.

W tabeli 3.1 wymieniono również powierzchnie właściwe syntezowanego Cu-TiO2/ZnO wraz z czystym ZnO i TiO2. Jak zaobserwowano, powierzchnia właściwa zsyntetyzowanego fotokatalizatora zwiększała się wraz z zawartością domieszki lub temperaturą kalcynowania, wykazując tym samym większą zdolność do fotoelektryzowania par otworów elektronowych w miejscach aktywnych i powodując silniejszą absorpcję reagentów na powierzchni katalizatora (Marcì, Augugliaro et al. 2001). W związku z tym maksymalną wielkość kryształu wraz z maksymalną powierzchnią zaobserwowano w próbkach o zawartości Cu 5wt%, kalcynowanych w temperaturze 700°C. Można sugerować, że różne stężenia Cu prowadziły do pewnego stopnia stabilności powierzchni właściwej fotokatalizatorów z domieszką Cu.

Ponadto wydaje się, że fotokatalizatory o większym stężeniu TiO2 miały tendencję do zlepiania się w trakcie procesów syntezy w większe cząstki wtórne, co prowadziło do zmniejszenia powierzchni. Wielkość cząstek jest kolejnym ważnym parametrem określającym wydajność katalizatora. Wielkość cząstek można analizować za pomocą skaningowej mikroskopii elektronowej. Ogólnie rzecz biorąc, sprawność katalizatora z domieszką zwiększa się wraz ze zmniejszaniem się jego wielkości cząsteczek. Podaje się jednak, że aktywność fotokatalityczna zależy raczej od krystaliczności niż od wielkości cząstek czy powierzchni (K.G. Kanade 2007). Szczegóły dotyczące wielkości cząstek zsyntetyzowanych fotokatalizatorów są również wymienione w tej samej tabeli. Jak można zauważyć, wartości wielkości cząstek mieściły się w zakresie od 2,02 do 3,54 nm, co wskazuje na generowanie jednolitego proszku fotokatalizatorów.

3.5 Morfologia Cu- z domieszką TiO2/ZnO

Morfologie fotokatalizatora Cu-TiO2/ZnO zostały zbadane przez SEM, a wyniki przedstawiono na rys. 3.3 i 3.4. Na rys. 3.3. przedstawiono morfologię fotokatalizatora w miarę wzrostu domieszki miedzi (1wt, 2wt i 5wt%), natomiast na rys. 3.4. przedstawiono wpływ temperatury kalcynacji.

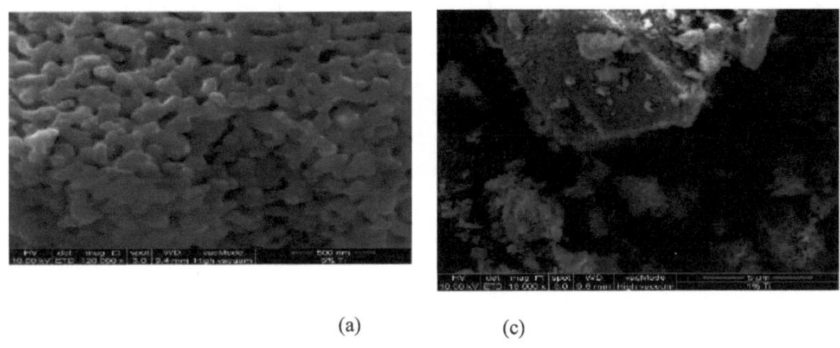

(a) (c)

Rysunek 3.3: Obrazy SEM Cu- TiO2/ZnO obliczone w temperaturze 500°C,
a) Cu=1wt%,
b) Cu=5wt%

Jak wspomniano wcześniej (w analizie XRD), fotokatalizator z 1,0wt% Cu syntetyzowany w temperaturze 500°C zawierał głównie kryształy amorficzne. Obserwacja ta została również potwierdzona przez obraz SEM na rys. 3.3 (a). Jak zaobserwowano, powierzchnia katalizatora była gładka i wolna od zderzeń. Ponadto, zgodnie z analizą XRD, dominującą rolę odgrywało stężenie domieszki, która zachowywała się albo jako miejsce zarodkowania rutylu, albo była adsorbowana na powierzchni fotokatalizatora. Obrazy SEM wykazały również, że siatka krystaliczna uległa poprawie poprzez zwiększenie zawartości domieszki w matrycy fotokatalizatora (rys. 3.3b). Na rysunku 3.3c pokazano, że krystaliczność została rozszerzona i poprawiła się szczególnie w wyniku zwiększenia zawartości domieszki do 5wt%.

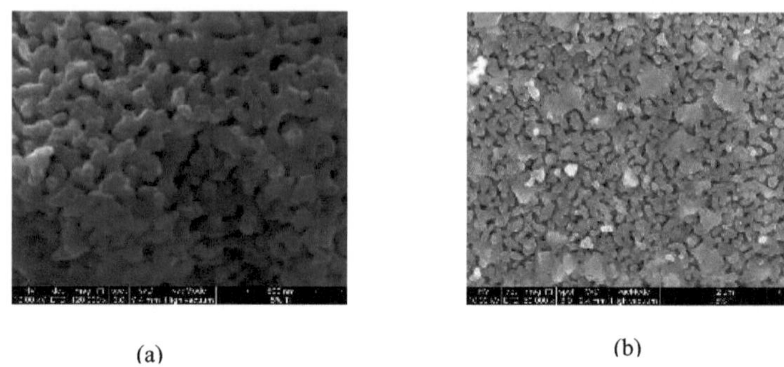

(a) (b)

Rysunek 3.4: Obrazy SEM Cu-TiO2/ZnO, a) Cu=5wt%, Obliczone w temperaturze 500°C, b) Obliczone w temperaturze 700°C.

Oprócz wpływu zawartości domieszki, krystaliczność stała się bardziej regularna wraz ze wzrostem temperatury kalcynowania do 700°C, co pokazano na rysunkach 3.4 (a i b). Wynik ten był również zgodny z wynikiem uzyskanym w analizie XRD (rys. 3.4). W tym stanie Cu-TiO2/ZnO zawierało ok. 100% swoistych monodyperkowych cząstek w kształcie hantli lub kulek oraz nano-pory. Jak zaobserwowano, temperatura kalcynacji korzystnie wpłynęła na wzrost kryształów nanofazowych w wyniku transformacji fazy krystalicznej.

Dla lepszej analizy, na rys. 3.5 przedstawiono obrazy TEM Cu (3wt%)-TiO2/ZnO obliczone w temperaturze 500 °C i 700 °C. Zgodnie z ilustracjami, cząstki w próbkach o zawartości domieszki 3wt% kalcynowanej w temperaturze 500 °C lub 700 °C rozkładają się równomiernie. Rysunek 3.5b przedstawia również, że Cu-TiO2/ZnO składa się z dużej liczby cząstek stałych o wielkości około 30-40 nm, co jest zgodne z wynikami XRD. Zarówno pojedyncze jak i nagromadzone cząstki zostały wyraźnie zaobserwowane na rysunku 3.5b. Odpowiednie wyniki dla fotokatalizatora syntezowanego w temperaturze 700°C przedstawiono również na rys. 4.5d. Natomiast próbki poddane kalcynowaniu w temperaturze 700°C wykazywały nieznacznie większe rozmiary cząstek niż próbki poddane kalcynowaniu w niższej temperaturze, co jest zgodne z wynikami otrzymanymi przez XRD. Co więcej, obserwuje się, że poprzez zwiększenie temperatury kalcynowania wzrosła również krystaliczność, jednak nie należy eliminować wpływu domieszki.

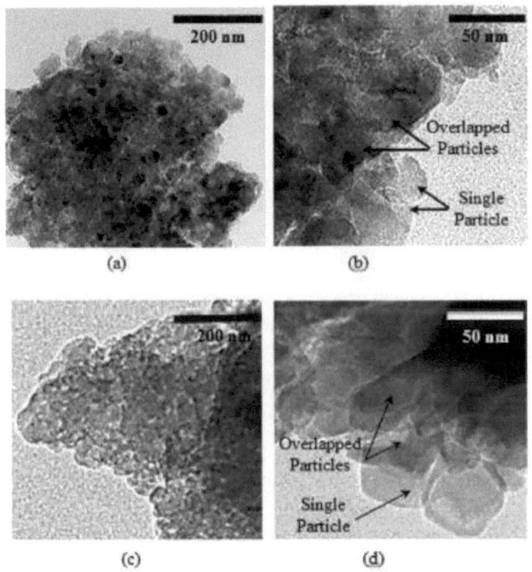

Rysunek 3.5: Obrazy TEM Cu-TiO2/ZnO z Cu=3wt% obliczonym w temperaturze 500 °C (a, b) i 700 °C (c, d).

3.6 Analiza absorpcji optycznej TiO2/ZnO z domieszką Cu

Analiza widm odbicia rozproszonego UV-vis (w przeliczeniu na absorbancję) dla Cu-TiO2/ZnO o różnej zawartości Cu, kalcynowanego w temperaturze 500°C i 700°C została przedstawiona na rys. 3.6. Generalnie, włączenie miedzi do siatki TiO2/ZnO powodowało absorpcję optyczną o stromej krawędzi w obszarze światła widzialnego.

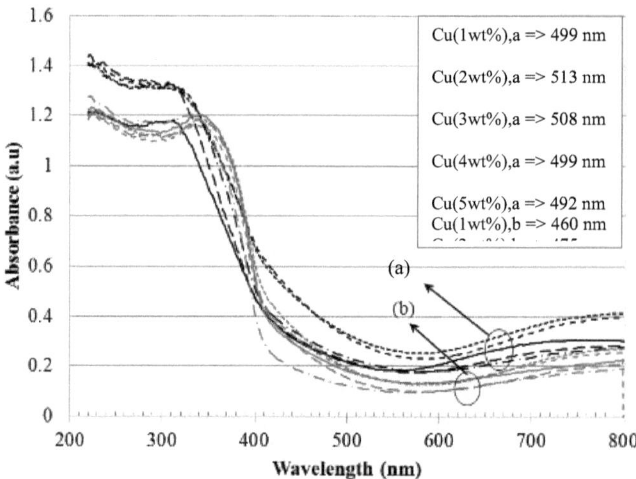

Rysunek 3.6: Optyczne krzywe absorpcji Cu- TiO2/ZnO, kalcynowane w temperaturze a) 500°C b) 700°C, o różnej zawartości miedzi -: 1wt%,----: 2wt%,- - -: 3wt%, - — —: 4wt%, ---: 5wt%, ---: 5wt%.

Długość fali absorpcyjnej nowego fotokatalizatora sięgała od 400 do 800 nm, a tym samym nowy fotokatalizator w znacznym stopniu wykorzystywał światło widzialne do przeprowadzania reakcji fotokatalitycznych. Ponadto, absorpcja światła widzialnego katalizatorów w obu temperaturach kalcynacji poprawiła się poprzez zwiększenie zawartości Cu do 3wt%. Szybkość widm absorpcji światła syntezowanego Cu-TiO2/ZnO przedstawiono na rys. 3.7.

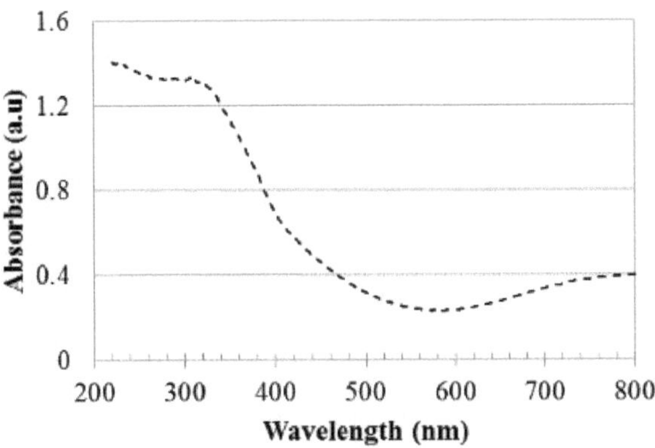

Rysunek 3.7. Szybkość widm absorpcji światła Cu (3wt%)-TiO2/ZnO kalcynowanego w temperaturze 500°C.

Pochodzenie wrażliwości na światło widzialne w TiO2/ZnO z domieszką miedzi można zaobserwować poprzez pojawienie się dodatkowych poziomów energii w orbitach dopingowych (2p lub 3d) oraz wakatów tlenowych w lukach pasmowych TiO2 i ZnO spowodowanych domieszką miedzi. Ważną rolę w tej siatce odgrywa przejście wzbudzenia elektronów 3d z jonów Cu2+ do pasma przewodzenia TiO2. Oprócz poziomu orbitalnego Cu, puste przestrzenie tlenowe, które są wprowadzane do sieci TiO2/ZnO przez doping, zwiększają absorpcję światła widzialnego w sieci. Stany pustki tlenowej znajdują się na poziomie 0,75-1,18 eV poniżej minimalnego pasma przewodzenia TiO2 (Cronemeyer 1959). Zwężająca się luka w paśmie spowodowana powstawaniem stanów zlokalizowanych lub pustek tlenowych indukuje absorpcję światła widzialnego.

Ponadto, spośród próbek, Cu- TiO2/ZnO o stężeniu 2 i 3wt% Cu wykazywało największą intensywność absorpcji w zakresie długości fali od 400 do 800 nm w obu grupach próbek. Ponadto, jak pokazano na rys. 3.6, większe natężenie absorpcji i przesunięcie do długości fali zaobserwowano w przypadku próbek, które były kalcynowane w temperaturze 500°C, co może być spowodowane zauważalną obecnością fazy anatazowej w sieci fotokatalizatora, ponieważ szczelina pasmowa anatazy (3,2 eV) jest większa niż rutylu (3,0 eV).

Należy zauważyć, że absorpcja przy długości fali około 380-388 nm lub mniej jest spowodowana wewnętrzną absorpcją szczeliny pasmowej TiO2 (zależy od równowagi jej struktur) (. Z drugiej stronyAguilar, Navas et al. 2013) ZnO ma krawędź absorpcji przy około 370-380 nm (szczelina pasmowa: 3,35-3,26 eV) (Pawar, Choi et al. 2015). Silne pasma absorpcji przy około 400 nm przyczyniają się do wzbudzenia elektronu O 2p do poziomu Ti 3d i/lub Zn 3d. Duże pasmo absorpcji pomiędzy 400 a 800 nm jest związane z obecnością gatunków Cu. Pasma absorpcji światła widzialnego mogą wynikać z metalicznej absorpcji Cu (225 do 590 nm), skupisk 3-d Cu3+ (400 do 500 nm) 25, wzbudzenia elektronów CuO z pasma falancyjnego do poziomu wzbudzenia (<730 nm), przejścia d-d Cu2+ (600 do 800 nm) 25 i skupisk 2p Zn2+ (390 do 520 nm).

3.7 Poziom energii szczeliny pasmowej TiO2/ZnO z domieszką Cu

W niniejszym opracowaniu luka w pasmie została przybliżona za pomocą modelu przedstawionego przez (Johnson 1967).

$$(Fh\nu)^m = A(h\nu - E_g) \tag{3–3}$$

W tym modelu *F* jest proporcjonalne do współczynnika absorpcji znanego jako wartość Kubelka-Munka ($F= (1-R)^{2/2R}$), gdzie *R* jest współczynnikiem odbicia półprzewodnika. *A* i E_g oznaczają odpowiednio parametr stały i szczelinę pasmową. *m* reprezentuje typ przejścia, który jest równy 1/2 dla półprzewodnika z bezpośrednią szczeliną pasmową i 2 dla półprzewodnika z pośrednią szczeliną pasmową. $h\nu$ jest obliczany przez:

$$h\nu = \frac{hc}{\lambda} \tag{3–4}$$

gdzie *h* jest stałą Plancka (6,626e-34 Js-1), a *C* jest prędkością światła (3,0e8 m.s-1).

Dlatego szczelinę pasmową oblicza się przez ekstrapolację rosnącej części widma absorpcji na odcięte przy zerowej absorpcji. Innymi słowy, przecięcie pomiędzy liniowym pasowaniem a osią energii fotonu (hv) daje wartość *np.*

$$A(hv - E_g)^m = 0 \Rightarrow hv = E_g \tag{3–5}$$

Ostatecznie szczelinę pasmową zsyntetyzowanych fotokatalizatorów przedstawiono na rys. 4.9. Wyniki podsumowano również w tabeli 3.2.

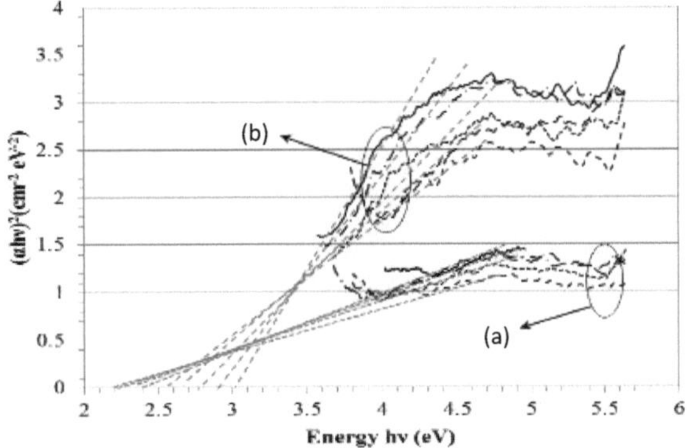

Rysunek 3.8: $(\alpha hv)^2$ kontra krzywa energii (powierzchnie Kubelka-Munka) do oszacowania energii szczeliny pasmowej Cu- TiO2/ZnO o różnej zawartości miedzi i obliczonej w a).
500°C b) 700°C i zawartości miedzi -: 1wt%,----: 2wt%,
- 3wt%, - - -: 4wt%, ---: 5wt%.

Tabela 3.2: Wartości energii szczeliny pasmowej Cu- TiO2/ZnO o różnej zawartości miedzi i kalcynowanej w dwóch różnych temperaturach kalcynowania poprzez Równanie Plank'a i równanie Kubelka-Munk'a

Model	Równanie Kubelka-Munka		Równanie Plank'a	
Temperatura obliczeniowa	500°C	700°C	500°C	700°C
Zawartość Cu				
1 wt%	2.41	3.02	2.48	2.7
2 wt%	2.28	2.65	2.42	2.61

3 wt%	2.2	2.57	2.44	2.53
4 wt%	2.36	2.77	2.48	2.84
5 wt%	2.42	2.91	2.52	2.92
Pure TiO2	3.20	-	3.20	-
ZnO	3.30	-	3.30	-
TiO2/ZnO	2.90	-	2.90	-
Cu	1.50	-	1.50	-

Ekstrapolacja liniowej części krzywej do *osi hv* dała szczelinę pasmową wynoszącą około 2,2 i 2,5 *eV* dla próbek skalkulowanych odpowiednio w temperaturze 500 i 700°C. Undoped TiO2 i ZnO mają wartości szczeliny pasmowej odpowiednio 3,2 i 3,37eV. Można sugerować, że luka międzypasmowa syntetyzowanego katalizatora w tym badaniu była istotnie mniejsza niż osobno TiO2 lub ZnO. Zwężenie luki pasmowej wskazywało na włączenie Cu do sieci TiO2/ZnO. Zmniejszyła się zatem luka w paśmie, co spowodowało zastosowanie światła widzialnego w przenoszeniu elektronu pomiędzy pasmami. Ponadto zaobserwowano znaczne przesunięcie w czerwieni o 0,21-0,45eV w głównej szczelinie pasmowej, ponieważ zawartość domieszki wzrosła do prawie 3wt% pod wpływem temperatury odpowiednio 500 i 700°C. Poziom energii szczeliny pasmowej syntezowanych fotokatalizatorów Cu (3wt%)-TiO2/ZnO przedstawiono na rys. 3.9. Jak zaobserwowano, szczelina pasmowa syntezowanego fotokatalizatora została znacznie zmniejszona w porównaniu z czystym TiO2 (3,2eV) i ZnO (3,37eV). Jego szczelina pasmowa była również mniejsza niż Cu-TiO2 (3,22eV) (Colón, Maicu i in. 2006, Ganesh, Kumar i in. 2014), Cu-ZnO (3,34eV) (Jongnavakit, Amornpitoksuk et al. 2012) oraz ZnO/TiO2 (2,82~2,89eV) (Pozan and Kambur 2014). Wartość luki pasmowej uzyskana dla Cu-TiO2/ZnO uzasadnia zastosowanie tego fotokatalizatora w świetle widzialnym.

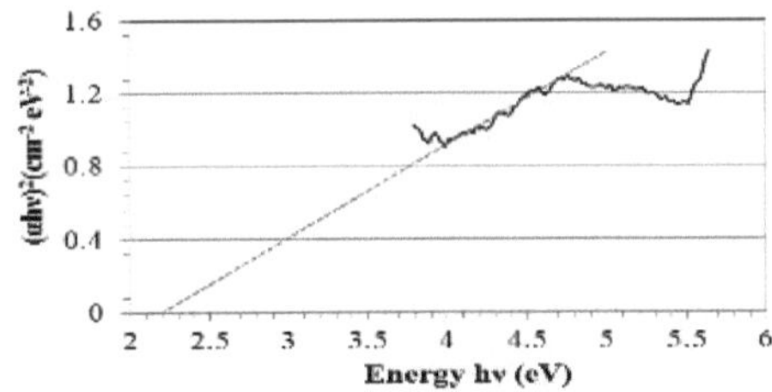

Rysunek 3.9: Oszacowanie energii szczeliny pasmowej Cu (3wt%)-TiO2/ZnO obliczonej w temperaturze 500°C przez Perkina Elmera.

W ostatniej pracy, Ganesh et al (Ganesh, Kumar et al. 2014) zbadał Cu-doped TiO2 (Cu=0-50wt%) proszki i zgłosił początkowy wzrost energii wstęgi przy wzroście zawartości miedzi w TiO2 z 0 do 0,1% mas. a następnie spadek przy dalszym wzroście zawartości domieszki z 0,1 do 10% mas. zarówno w bezpośredniej jak i pośredniej szczelinie pasma. W innej pracy wykonanej przez Sahu i Biswas (Sahu and Biswas 2011)autorzy zaobserwowali redukcję energii szczeliny pasmowej z 3,3eV do 2,51eV przy wzroście stężenia Cu-dopingu w TiO2 z 0 do 15wt%).

W przypadku kalcynacji w temperaturze 500°C, próbki z domieszką wykazywały niższe energie szczelinowe, które pochodziły z obecności CuO i Cu2O na powierzchni fotokatalizatora i/lub z pozostałości miedzi w wyniku niepełnej pirolizy. Tlenek miedzi, CuO posiada 1,4eV, a podtlenek miedzi, Cu2O posiada 2,2eV. Wyniki te, w połączeniu z wykresami XRD i obrazami morfologicznymi, potwierdziły, że krystaliczność Cu-TiO2/ZnO wraz z jego szczeliną pasmową wzrosła w temperaturach kalcynacji 700°C i wyższych. Przyrost luki pasmowej wraz z temperaturą kalcynacji w układach zawierających TiO2 i/lub ZnO z domieszką metalu został również podany przez innych autorów (Habibi, Talebian i in. 2007, Yang, Fan i in. 2008).

W celu ilościowego oszacowania energii szczeliny pasmowej (Eg) oraz w celu porównania początków absorpcji próbek Cu- TiO2/ZnO wykorzystano równanie Plancka:

$$E_g = \frac{1240}{\lambda_g} \tag{3-6}$$

Gdzie, λg jest długością fali przy nakładaniu się pionowej i poziomej części widm. Zgodnie z tabelą 3.2, luka pasmowa oszacowana równaniem Plancka była większa o około 0,3eV w porównaniu z oszacowaniem metodą Kubelka-Munka. Podobny trend został jednak wytworzony przez oba modele.

3.8 Mechanizm fotokatalityczny Cu-doped TiO2/ZnO w świetle widzialnym

Możliwy schemat przenoszenia ładunków i położenia pasm energetycznych Cu-TiO2/ZnO jest schematycznie zilustrowany na rysunku 3.10.

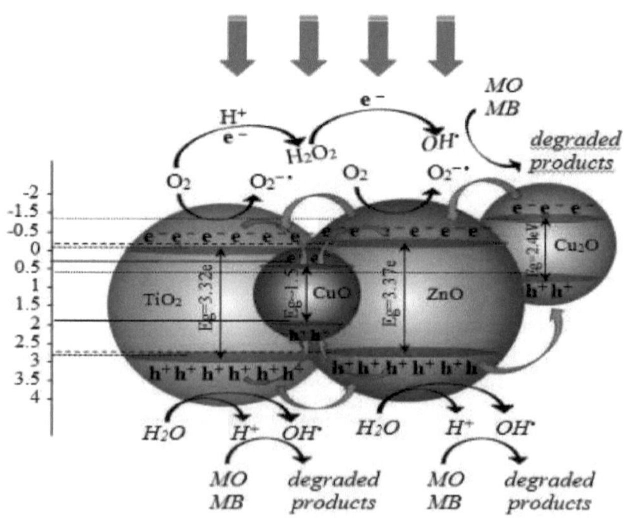

Rys. 3.10. Schemat ilustrujący proces przenoszenia ładunku w domieszce Cu TiO2/ZnO w warunkach symulowanego napromieniowania światłem słonecznym.

Ogólnie rzecz biorąc, poziom energii potencjalnej przewodzenia i walencyjnej pasma Cu2O leży powyżej poziomu energii potencjalnej półprzewodników TiO2 i ZnO, które wspomagają przenoszenie elektronów w kierunku pasma walencyjnego ZnO lub TiO2. Poza tym, poziom energii potencjalnej pasma przewodnictwa i walencyjnego obu półprzewodników TiO2 i ZnO jest bardziej anodowy.

i bardziej kationowe niż te z CuO, odpowiednio. Sprzyja to przenoszeniu zarówno $^{e-}$ jak i h+ z TiO2 i ZnO do CuO, utrudniając częściową rekombinację $^{e-/h+}$ w TiO2 i ZnO. W związku z tym reakcje zachodzące w TiO2cb, CuOcb i ZnOcb są ułatwione.

Należy również zauważyć, że w wyniku napromieniowania światłem widzialnym Cu2O może zredukować O2 w procesie wieloelektronowym i zostać ponownie oksydowane do CuO (Nozik 1978). Dlatego też, chociaż CuO nie zostało wykryte w analizie XRD, może być generowane w wyniku napromieniowania światłem widzialnym, a zatem jego aktywność należy uwzględnić w reakcji fotokatalitycznej. Biorąc pod uwagę to założenie można omówić, że pasmo przewodzenia CuO ma większy potencjał ujemny niż wymagany dla redukcji tlenu o jednym elektronie: (3–7)

(*O2+H++e-→HO2°*)

Ponadto, Cu2+ może reagować z:

$^{e-}$(lub *O2-*)→Cu++(lub *O2*) (3–8)

Cu+ może zredukować ilość zużywających O2 elektronów lub być utleniony do jonów Cu poprzez fotogenerowane otwory ZnO lub TiO2 do Cu2+ (Bandara, Guasaquillo et al. 2005). Otwory ZnOvb lub TiO2vb reagują z powierzchnią $^{-OH}$ ZnO lub TiO2 uwalniając rodniki OH. Z drugiej strony, Cu2Ocb znajduje się nad otworami ZnOcb i TiO2cb. W

związku z tym wzbudzone fotoelektrony mogą być przenoszone z Cu2Ocb w kierunku ZnOcb, a następnie do TiO2cb, podczas gdy otwory fotogeneracyjne przesuwają się w przeciwnym kierunku. W takiej sytuacji ZnO jako stopień pośredni sprzyja przenoszeniu otworu elektronowego pomiędzy pasmami Cu2O i TiO2, co znacznie zmniejszyłoby szybkość rekombinacji ładunku, zwiększając aktywność fotokatalityczną Cu-TiO2/ZnO. Zgodnie ze strukturą pasma energetycznego zarówno TiO2 jak i ZnO, dolne i górne pasmo przewodzenia odpowiadają głównie stanom Ti/Zn 3d i O 2p. Krawędź absorpcji wynosząca około 380 i 376 nm dla niedopasowanego TiO2 i ZnO wynika z przejścia pasma do pasma (O 2p→Ti/Zn 3d). W niniejszej pracy niewielkie przesunięcie czerwieni w Cu- TiO2/ZnO może być spowodowane głównie oddziaływaniem wymiany spd pomiędzy elektronami pasmowymi a zlokalizowanymi d-elektronami Cu2+/Cu1+ podstawionych kationów tytanu i/lub cynku, co powoduje powstawanie O-odmian o stężeniu zbliżonym do stężenia dodawanych zanieczyszczeń. Oddziaływania wymiany sp-d powodują przesunięcie krawędzi pasma walencyjnego w górę i przesunięcie krawędzi pasma przewodzącego w dół, co prowadzi do zwężenia szczeliny pasmowej.
Zuo i wsp. (Zuo, Wang et al. 2010) dyskutowali, że obecność mini-pasma blisko pasma przewodzenia związana jest z Ov związanym z Ti3+, co zawęziło lukę w paśmie TiO2. Podobną dyskusję na temat zwężenia luki przewodzącej indukowanej przez owce przedstawili Wang i wsp.

Ponadto, ponieważ falbana i pasmo przewodzenia TiO2 leżą poniżej pasma Cu2O i ZnO (Yu, Low et al. 2014, Zhou, Yu et al. 2014), bezpośrednie przeniesienie elektronu z obu Cu2Ocb i ZnO w kierunku TiO2cb równolegle z bezpośrednim przeniesieniem fotogeneraturowych otworów z TiO2vb do ZnOvb lub Cu2Ovb, może być drugim mechanizmem przenoszenia ładunku w Cu-TiO2/ZnO.

Rozdział 4
Aktywność fotokatalityczna Cu-doped TiO2/ZnO

4.1 Wprowadzenie

Zdolność Cu-doped TiO2/ZnO do degradacji barwnika oceniano poprzez zastosowanie go do degradacji pomarańczy metylenowej i błękitu metylenowego w warunkach napromieniowania światłem widzialnym. Badano połączenia różnych poziomów pH, intensywności napromieniania świetlnego, stężeń barwnika, ładunku katalizatora i czasu reakcji w celu oceny skuteczności fotokatalizatora w zakresie usuwania koloru, ChZT i TOC. Spośród 60 różnych wykresów 3-D dla trzech reakcji (po 20 dla każdej), wybrano 8 wykresów, które obejmują wszystkie ważne aspekty, pomijając podobne. Ponadto, ponieważ wyższe napromieniowanie światłem podkreśla wpływ każdego z czynników, połączone synergiczne lub antagonistyczne efekty każdego z nich z intensywnością napromieniowania światłem, podczas gdy inne czynniki utrzymują swoje średnie wartości, zostały przedstawione na rys. 4. 2(a-h).

Na rysunku 4.1 przedstawiono krzywe fotokatalitycznego rozkładu 300 ml pomarańczy metylowej 20 ppm z 0,5 g fotokatalizatora w różnych okresach czasu. Wyniki degradacji porównano z wynikami czystych TiO2 i TiO2/ZnO kalcynowanych w temp. 500°C.

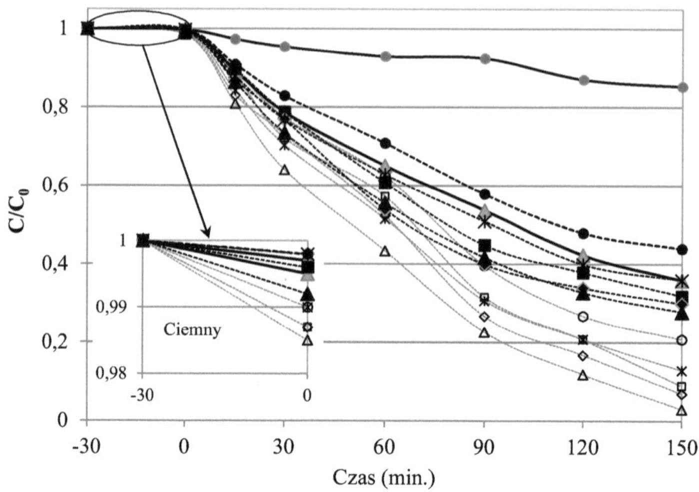

Rysunek 4.1: Fotokatalityczna degradacja pomarańczy metylenowej przy użyciu różnych Cu-ZnO/TiO2 o stężeniu miedzi □:Cu(1wt%),◇:Cu(2wt%), Δ:Cu(3wt%),*:Cu (4wt%), ○:Cu (5wt%). Puste kule: Kalkulowane w temperaturze 500°C, Pociski stałe: Kalcynowane w temperaturze 700°C,
●:Czyste TiO2, ▲:TiO2/ZnO kalcynowane w temperaturze 500°C.

Zgodnie z rys. 4.1 nie zaobserwowano znaczącej degradacji roztworu MO przy użyciu czystego TiO2 w świetle widzialnym. W porównaniu z tym, fotokatalizator TiO2/ZnO skalcynowany w temperaturze 500 °C wykazywał zauważalną fotodegradację MO, dając wartość C/C0 około 0,36 po 150 min w świetle widzialnym. Jednakże liczba ta wskazuje, że Cu- TiO2/ZnO może poprawić fotoaktywność TiO2/ZnO, dając niższe wartości C/C0 niż TiO2/ZnO dla prawie wszystkich czasów trwania reakcji. Struktura krystaliczna TiO2 Anatas daje mniejszą lukę pasmową dla aktywności fotokatalizatora. Jak zaobserwowano, Cu- TiO2/ZnO o różnej zawartości Cu dało lepsze wyniki, z wyjątkiem tej zawierającej 5wt%, kalcynowanej w temperaturze 700°C. Ogółem, sprawność degradacji była wyższa dla próbek poddanych kalcynacji w temperaturze 500°C w porównaniu z 700°C, co należy przypisać strukturze krystalicznej Cu- TiO2/ZnO i poziomowi energii szczeliny pasmowej. Odpowiednio, średnia końcowa sprawność rozkładu wynosiła około 87% dla pierwszego z nich i 64% dla drugiego. Z drugiej strony, wyniki wyjaśniły, że fotokatalityczna degradacja barwnika wzrosła wraz z zawartością miedzi do 3wt%. Następnie nastąpił wyraźny spadek szybkości degradacji. Dlatego też, wśród różnych fotokatalizatorów, ten z zawartością 3wt% miedzi kalcynowanej w temperaturze 500°C może osiągnąć maksymalny stopień degradacji 97% w świetle widzialnym.

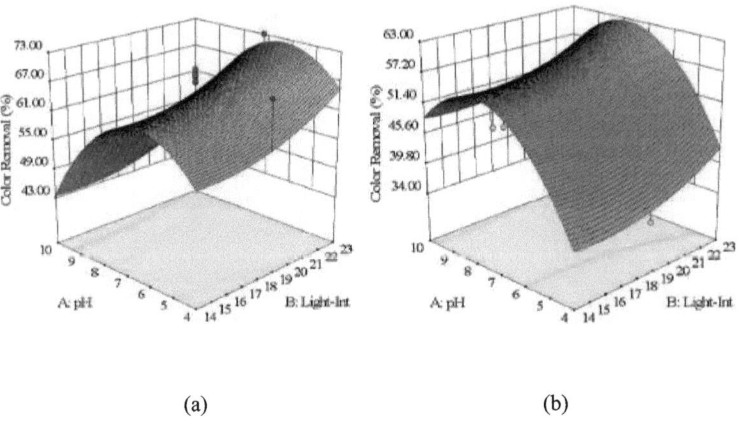

(a) (b)

"Rysunek 4.2, ciąg dalszy

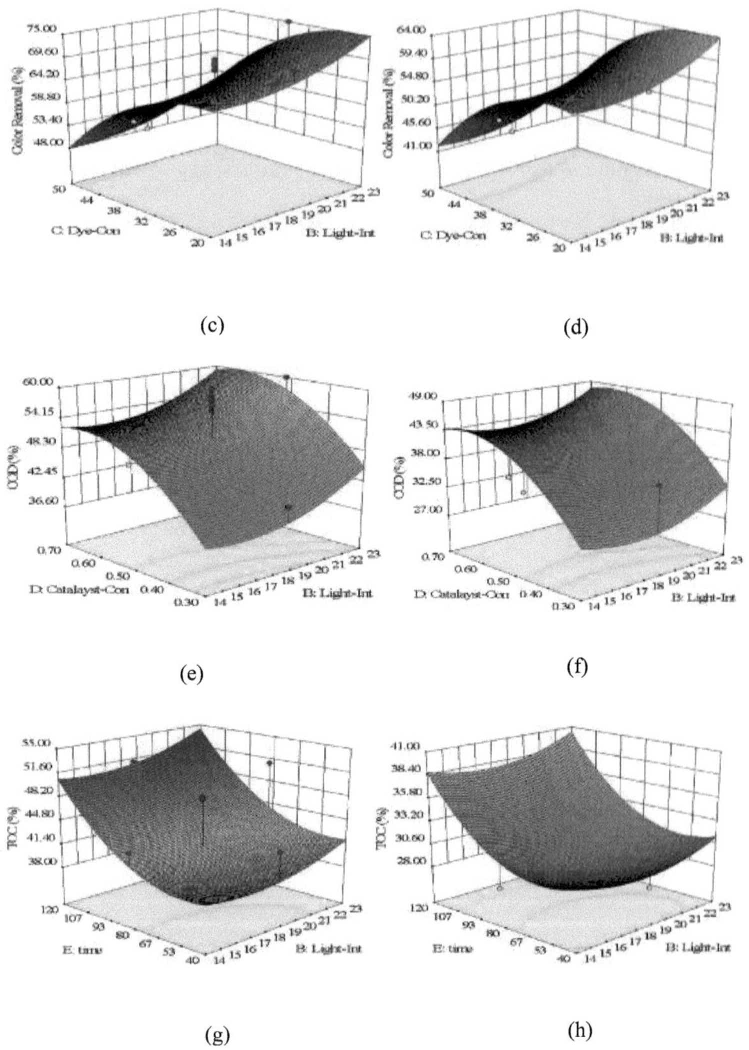

Rysunek 4. 2: Wykres powierzchni reakcji sprawności usuwania koloru, ChZT i TOC (%) w funkcji efektów BA, BC, BD i BE. a)c)e)g):MO oraz b)d)f)h):MB

4.2 Wpływ intensywności napromieniowania świetlnego

Na rysunku 4.2(a-h) przedstawiono interaktywne efekty pomiędzy natężeniem napromieniowania światła a innymi parametrami pracy. Reakcja fotokatalizy była bardziej efektywna w przypadku intensywniejszego napromieniania światłem, ponieważ aktywowanych jest więcej par otworów elektronowych, co bezpośrednio wpływa na efektywność reakcji. Średnio przyrost wynosił około 8% dla MO i 6,5% dla MB w ciągu 80 min. Poza tym efekt naświetlania światłem zmniejszył się nieznacznie wraz ze wzrostem stężenia barwnika. Wynikało to z ciemności mediów, która zmniejsza głębokość penetracji fotonów.

4.3 Wpływ kwasowości roztworu

Ładunek powierzchniowy katalizatora odgrywa istotną rolę w reakcjach fotokatalitycznych, które zachodzą na powierzchni katalizatora. Ładunek powierzchniowy jest definiowany jako różnica potencjałów elektrycznych pomiędzy powierzchnią katalizatora a medium. Jest on zależny od obecności grup hydroksylowych na powierzchni katalizatora. Zasadowość lub kwasowość roztworu decyduje o właściwościach ładunku powierzchniowego fotokatalizatora, który bezpośrednio wpływa na jego fotoaktywność. Punkt, w którym ładunek powierzchniowy fotokatalizatora jest zerowy, nazywany jest zerowym punktem ładowania (pHPZC), przez co katalizator jest mniej atrakcyjny dla cząsteczek barwnika. Zgodnie z literaturą, pHPZC wynosi około 6,0 i 9,0 dla TiO2 (Zhu, Wang et al. 2014) i ZnO (odpowiednio Benhebal, Chaib i in. 2013, Mohd Omar, Abdul Aziz i in. 2014). Dlatego przy pH<pHPZC zachodzi reakcja protonacji i powierzchnia katalizatora jest dodatnio naładowana. Z drugiej strony, w pH>pHPZC zachodzi reakcja deprotonacji, która powoduje, że powierzchnia katalizatora jest naładowana ujemnie. W związku z tym, w niniejszych badaniach wykorzystano oranż metylowy jako barwnik anionowy oraz błękit metylenowy jako barwnik kationowy w celu dokładnego określenia wpływu pH na fotoaktywność syntetyzowanego Cu-TiO2/ZnO. Wyniki przedstawiono na rys. 4. 3a i 4. 3b.

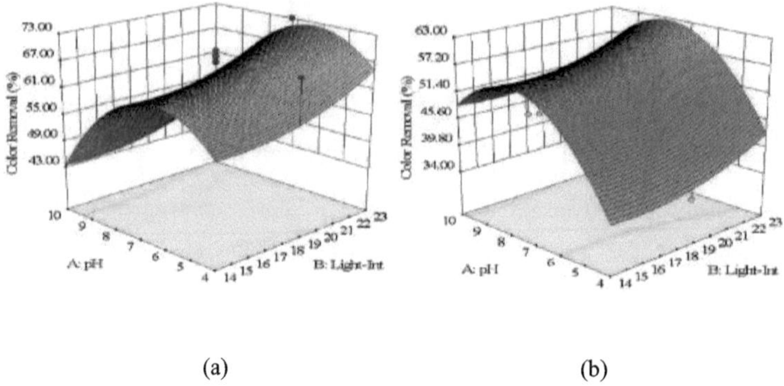

(a) (b)

Rysunek 4. 3: Wykres powierzchni reakcji usuwania koloru (%) w funkcji intensywności napromienienia światłem widzialnym i efektu pH. a):MO oraz b):MB.

Zaobserwowano wyższą efektywność degradacji pomarańczy metylowej przy kwaśnym pH, a odwrotnie - błękitu metylenowego. Zgodnie z powyższymi informacjami, Cu-TiO2/ZnO jest naładowany ujemnie w roztworze alkalicznym i adsorbuje cząsteczki MB przez przyciąganie elektrostatyczne. W takich warunkach adsorpcja MO staje się słabsza z powodu sił odpychających w roztworze alkalicznym. W ten sposób adsorpcja cząsteczek MB staje się silniejsza w warunkach alkalicznych. W niniejszej pracy uzyskano jednak pożądane wartości degradacji w szerokim zakresie pH, co zaobserwowano na rys. 4. 3a i 4. 3b, wykazując stabilność gatunków miedzi wewnątrz struktury katalizatora. PodobneWang, Duan et al. 2014) wyniki zaobserwowano przy ocenie zastosowania domieszki Cu TiO2 do degradacji pomarańczy metylowej w zakresie pH: 3.0–10.0. Jako wartość optymalną podali początkowe pH roztworu 3,0. Wzrost rozkładu błękitu metylenowego przy wzroście wartości pH za pomocą nanocząsteczek anatazy TiO2 zauważyli również Bubacz i wsp. (Bubacz, Choina et al. 2010). Największą reaktywność uzyskano w wyniku reakcji zasadowej. Jako wartości docelowe w procesie optymalizacji rozkładu MO i MB wybrano odpowiednio wartości pH w zakresie 4-6 i 7-10.

4.4 Wpływ stężenia barwnika i katalizatora

Rys. 4. 4a i 4. 4b ilustrują procentowy rozkład w funkcji początkowych stężeń barwnika w obecności 0,5g/L katalizatora po 80min napromieniowaniu światłem. Zaobserwowano, że procent redukcji barwnika w roztworze wodnym zależy głównie od jego początkowego stężenia. Inaczej mówiąc, wyższy stopień degradacji bezwzględnej można uzyskać przy niższym stężeniu barwnika lub większej ilości katalizatora.

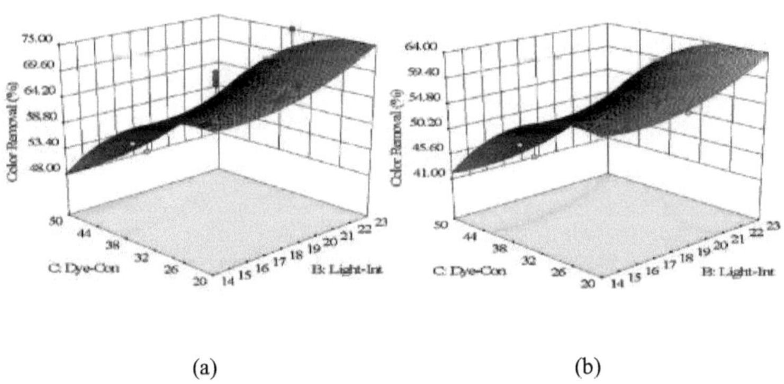

(a) (b)

Rysunek 4.4: Wykres powierzchni reakcji usuwania ChZT (%) w funkcji intensywności napromienienia światłem widzialnym i stężenia barwnika, (a):MO i (b):MB.

Poprzez zwiększenie początkowego stężenia barwnika nie tylko powierzchnia fotokatalizatora jest wcześniej nasycona, ale również fotony są przechwytywane zanim dotrą do powierzchni katalizatora. Istnieje mniej aktywnych miejsc do adsorpcji jonów hydroksylowych, gdy powierzchnia katalizatora jest nasycona, co zmniejsza wydajność katalizatora. Przechwytywanie fotonów zmniejsza absorpcję fotonów przez katalizator, a tym samym zmniejsza procentową redukcję barwnika. W tym badaniu sprawność usuwania koloru (%) zmniejszyła się o około 22,85 % i 17,20 % wraz ze wzrostem stężenia barwnika MO i MB z 20 do 50 ppm w ciągu 80min. Skuteczność degradacji zmniejszała się wraz ze wzrostem stężenia barwnika zarówno dla MO jak i MB, szczególnie dla MB z 35 ppm do 50 ppm. W takim stanie, jeszcze większe natężenie napromieniania światłem nie przyczyniło się do istotnej zmiany degradacji fotokatalitycznej, co pokazano na rys. 4.4b.

Ważne jest, aby zastosować optymalną ilość katalizatora, aby utrzymać maksymalną wydajność przetwarzania. W celu określenia wpływu ilości Cu-TiO2/ZnO na reakcję fotokatalizy w świetle widzialnym badano ilość katalizatora w zakresie od 0,3g/L do 0,7g/L. Odpowiednie wyniki przedstawiono na rys. 4.5a i 4.15 b.

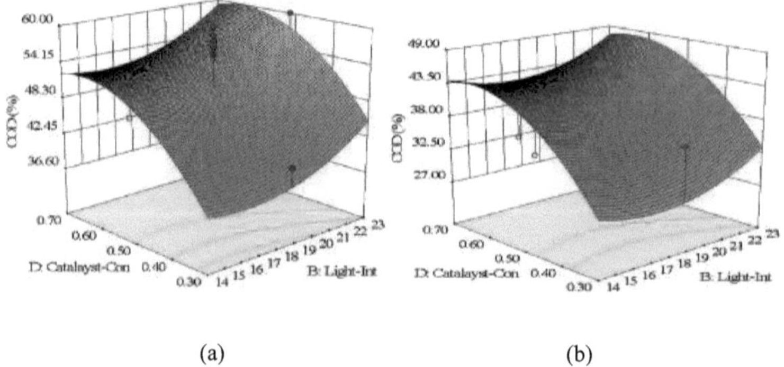

(a) (b)

Rysunek 4.5: Wykres powierzchni reakcji usunięcia ChZT (%) jako funkcja natężenia napromienienia światłem widzialnym i stężenia katalizatora, (a):MO i (b):MB.

Wykazano, że stężenie katalizatora 0,6g/L znajdowało się w synergicznej interakcji z wyższym poziomem napromieniowania świetlnego i przy pH roztworu wynoszącym od 5,5 do 6, prowadząc do maksymalnej degradacji fotokatalitycznej pomarańczy metylenowej w ciągu 2h reakcji. Podobne obserwacje uzyskano dla błękitu metylenowego przy pH 7,5 do 8. Dalszy wzrost katalizatora nie wpłynął istotnie na poprawę reakcji i w rzeczywistości reakcja uległa niewielkiemu zmniejszeniu, gdy stężenie katalizatora zostało zwiększone do ponad 0,6g/L. Dla przykładu, warunki reakcji [katalizatora]: 0,6 g/L, [barwnika]: 35 ppm, pH: 5,5, natężenie promieniowania świetlnego: 18,5 Watt i czas: 120 min, przyniosły 78,45%, 63,68% i 51,81% usunięcie barwy, COD i TOC roztworu oranżu metylowego. Jednak odpowiadające im usunięcie wzrosło tylko do 77,15%, 63,85% i 51,86%, gdy stężenie katalizatora wzrosło do 0,7g/L. Podobne warunki, z wyjątkiem pH, które wynosiło 7,5, doprowadziły do usunięcia błękitu metylenowego w ilości 66,13%, 51,90%, 40,41%, który osiągnął wartości 64,72%, 51,67% i 40,30 przy stężeniu katalizatora 0,7g/L. Można stwierdzić, że wzrost ilości katalizatora odpowiada dostępności miejsc aktywnych na powierzchni katalizatora do optymalnej ilości (Behnajady, Modirshahla et al. 2006). Obciążenie katalizatora, które jest poza optymalną ilością zwiększa zmętnienie zawiesiny i jest w antagonistycznej interakcji z penetracją światła widzialnego, co prowadzi do zmniejszenia procedury fotouaktywnienia. Inną przyczyną jest wymywanie rodników OH na powierzchni katalizatora. Tę samą obserwację zgłosił (Daneshvar, Salari et al. 2004) dla degradacji barwnika azowego czerwony 14 w wodzie przy użyciu ZnO. Wang i wsp. (Wang, Li et al. 2010) również uzyskano te same wyniki dla fotokatalitycznej degradacji słonecznej różnych barwników pomarańczy metylowej, rodaminy B, fuksyny azowej, czerwieni kongowej i błękitu metylowego, w obecności kompozytu Er3+:YAlO3/ZnO-TiO2.

4.5 Wpływ czasu napromieniowania na reakcję fotokatalizy

Trendy usuwania TOC powyżej 120 min zarówno dla MO jak i MB ([barwnik]: 35 ppm) przedstawiono na rysunkach 4.6g i 4.6h, które podążają za tym samym trendem co usuwanie koloru i COD. Jak zaobserwowano, ponad 41% i 30% TOC zostało usunięte w ciągu 40 min odpowiednio dla MO i MB, a procent usuwania nadal wzrastał do ponad 53% i 39% w ciągu 2 godzin. Ponadto, stwierdzono, że usuwanie ChZT MO przy użyciu Cu-TiO2/ZnO w świetle widzialnym wynosiło około 52%, 57% i 66% odpowiednio w ciągu 40, 80 i 120 minut. ChZT pobrane z MB wynosiło 43%, 45% i 53% w tym samym czasie. Tę samą tendencję zaobserwowano również w przypadku usuwania koloru - wartości 65%, 71% i 82% dla MO oraz 58%, 61% i 68% dla MB odpowiednio w ciągu 40, 80 i 120 min. Wszystkie trzy odpowiedzi podążały za liniowym trendem z czasem. W przypadku napromieniowania światłem widzialnym, stopień degradacji MO był wyższy o 7,75% (jako wartość średnia) w porównaniu z MB.

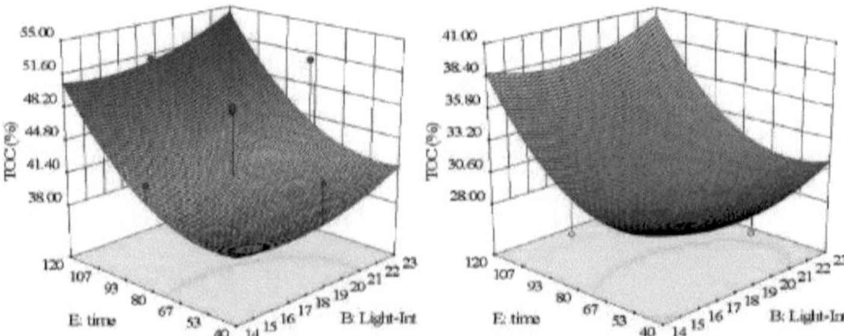

(a) (b)

Rysunek 4.6: Wykres powierzchni reakcji usunięcia TOC (%) w funkcji intensywności napromienienia światłem widzialnym i czasu reakcji, (a):MO i (b):MB.

W celu oceny kinetyki reakcji degradacji fotokatalitycznej za pomocą Cu-TiO2/ZnO wykreślono zmienność -ln Ct/C0 w stosunku do czasu reakcji, co pokazano na rys. 4.7. Stwierdzono, że reakcje degradacji zarówno MO, jak i MB zasadniczo przebiegają zgodnie z kinetyką reakcji drugiego rzędu (rys. 4.7). Innymi słowy, wyniki degradacji implikowały gwałtowny wzrost, ponieważ czas reakcji zwiększał się do 40 min. Po tym czasie degradacja zwiększała się niemal liniowo wraz z czasem reakcji z wolniejszym tempem. Takie zachowanie wskazuje na wpływ świeżego katalizatora ze świeżo aktywowanymi miejscami. Wyniki pokazały, że reakcja przebiega wolniej wraz z nasycaniem się aktywowanych miejsc.

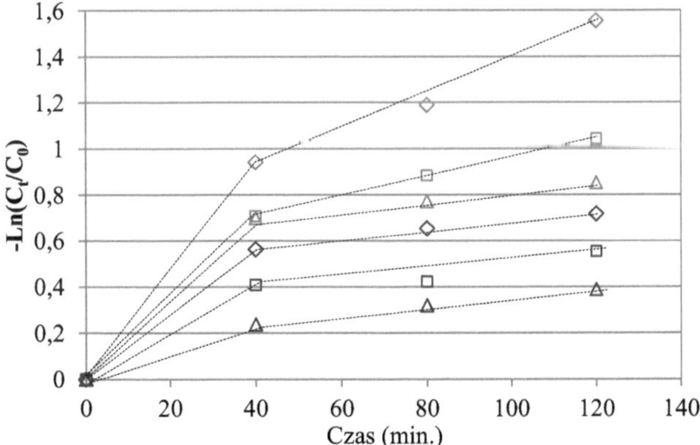

Rysunek 4.7: Wpływ czasu napromieniowania◇: Kolor, □: COD Δ: Usuwanie TOC (%), Kolor pomarańczowy: MO, Kolor niebieski: MB.

4.6 Analiza ANOVA

Na podstawie uzyskanych wyników reakcji fotokatalizy w obecności Cu-TiO2/ZnO zaproponowano szereg modeli regresji w analizie CCD, w których wydajność reakcji (Kolor, ChZT i TOC % usuwania) zilustrowano jako funkcję niezależnych zmiennych: pH, natężenia napromieniowania świetlnego, [Barwnik], [Katalizator] i czasu reakcji. Równania otrzymano zgodnie z równaniami (3-2), które zawierają wartości stałe, terminy liniowe i kwadratowe, przedstawiające indywidualny wpływ każdego parametru oraz terminy krzyżowe, które oceniają interaktywny wpływ parametrów na reakcje (*Y, YCOD, YTOC*). Modele regresji dla każdej zmiennej kategorycznej uzyskano po wyeliminowaniu terminów nieistotnych, a wyniki przedstawione w tabelach 4.1 i związane z tym ich przydatność w stosunku do współczynników wyznaczania przedstawiono w tabeli 4.2.

Tabela 4.1: Analiza indywidualnych i interakcyjnych efektów działania parametrów operacyjnych

Badany barwnik	Usunięcie Odpowiedź	Ostateczny model w zakresie zakodowanych formularzy	Eq.
Pomarańcza metylowa	YColor	-62.11-3.57B+1.42C+259.14D-0.081E-1.42A2-0.023C2-183.63D2-0.729CD	(13)
	YCOD	-34.57-5.34B+1.86C+208.80D-0.14E-1.09A2-0.988CD	(14)
	YTOC	-51.36+2.199C+120.58D-0.27E-1.18A2-0.037C2-0.699CD	(15)
Błękit metylenowy	YColor	-94.04-3.76B+1.55C+254.83D-0.157E-1.42A2-0.023C2-183.63D2-0.729CD	(16)
	YCOD	-66.10-5.70B+1.93C+208.94D-0.19E-1.09A2-0.988CD	(17)
	YTOC	-83.50+2.67C+117.83D-0.31E-1.18A2-0.037C2-0.699CD	(18)

Tabela 4.2: Przydatność a współczynniki wyznaczania

Usunięcie Odpowiedź	Ostateczny model w zakresie zakodowanych formularzy	R^2	R^2_{adj}	R^2_{pred}	*PVa*	*APb*

YColor	+59.84+3.96B-8.19C+7.33D+6.78E-4.34F-12.81A2-5.18C2-7.35D2+6.55AF-2.19CD-1.50EF	0.9285	0.9031	0.8555	<0.0001	27.900>4
YCOD	+45.50+2.78B-6.78C+7.25D+5.69E-5.06F-9.85A2-5.44C2+6.42AF-2.97CD	0.8766	0.8326	0.7676	<0.0001	21.397>4
YTOC	+35.43-5.13C+4.12D+5.16E-5.63F-10.61A2-8.40C2+ 5.81AF-2.10CD	0.8502	0.7968	0.7056	<0.0001	16.642>4

[a] wartość P, Prob > F.
[b] Odpowiednia precyzja.

W tych modelach współczynniki dodatnie wskazują na efekt synergiczny, natomiast współczynniki ujemne na efekt antagonistyczny pomiędzy zmiennymi lub pomiędzy nimi. W oparciu o tabele 4.1 i 4.2 stwierdzono, że wszystkie parametry indywidualnie odgrywają skuteczną rolę podczas reakcji fotokatalizy w obecności Cu-TiO2/ZnO, natomiast ich efekty interaktywne są znikome. Spośród efektów interaktywnych najbardziej znaczącą rolę antagonistyczną w obu układach zawierających pomarańczę metylową i błękit metylenowy odgrywał efekt interakcji katalizatora i stężenia barwnika. Innymi słowy, światło widzialne z trudem mogło przechodzić przez media, ponieważ stężenie barwnika wzrastało, a tym samym zmniejszała się skuteczność fotokatalizy. Z drugiej strony, wyższe stężenie katalizatora (>0,6 g/lit) nie było tak efektywne. Jakość opracowanych równań, przedstawionych w tabeli 4.3, również wskazuje na celowość zaproponowanych modeli. Odpowiednia precyzja mierzy stosunek sygnału do szumu. Stosunek sygnału do szumu większy niż 4 oznacza, że model jest w stanie poruszać się w przestrzeni projektowej. Jak zauwaĪono, odpowiednie precyzje wynosiáy 27,90, 21,39 i 16,64 (>>4) dla badanych odpowiedzi. Oprócz aktywności fotokatalitycznej, stabilność fotokatalizatora jest kolejnym czynnikiem warunkującym jego praktyczne zastosowanie. W celu zbadania stabilności

Cu- TiO2/ZnO przeprowadzono trzy przebiegi fotodegradacji cyklicznej 300 ml pomarańczy metylowej i błękitu metylowego 20 ppm z 0,5 g fotokatalizatora przy intensywności światła 23 W i pH 7. W związku z tym wykonano więcej badań, a ich wyniki przedstawiono na rys. 4.18.

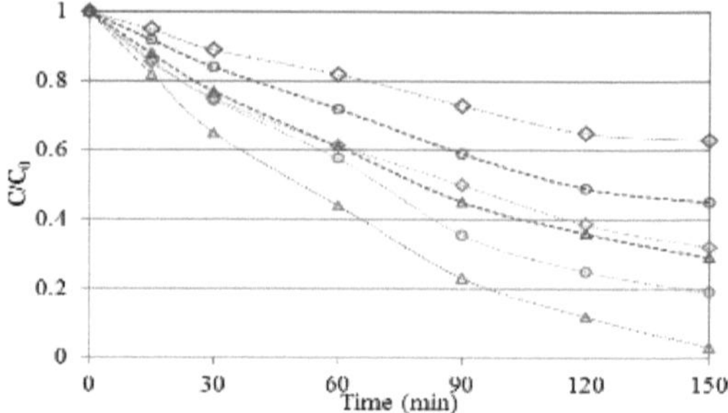

Rysunek 4. 8: Cykliczna degradacja fotokatalityczna MO (kolor pomarańczowy) i MB (kolor niebieski) przy użyciu Cu (3wt%)-ZnO/TiO2 kalcynowanego w temperaturze 500°C. Δ: Pierwszy cykl, ○: Drugi Cykl ◇: Trzeci Cykl.

Jak zaobserwowano, wydajność fotokatalityczna Cu- TiO2/ZnO zmniejsza się o około 15~20% przy każdym powtórnym użyciu. Jednakże, spadek wydajności jest bardziej widoczny po drugim eksperymencie degradacji cyklicznej pod błękitem metylowym. Może to wynikać z wpływu błękitu metylowego na redukcję absorpcji światła na powierzchni fotokatalizatora.

4.7 Analiza kinetyczna degradacji MO

Badano kinetykę lub szybkość degradacji MO przy użyciu syntetycznych katalizatorów w celu ilościowego zbadania procesu degradacji. W związku z tym, eksperymenty mające na celu analizę aktywności Cu-TiO2/ZnO zostały poddane dalszej analizie za pomocą modeli kinetycznych degradacji. W najczęstszym podejściu, dane doświadczalne były porównywane z szeregiem popularnych modeli w celu znalezienia najbardziej odpowiedniego modelu. W niniejszej pracy wybrano z podobnych badań modele kinetyczne pseudo-zerowego, pseudo-pierwszego i pseudo-sekundowego rzędu. Liniowe formy tych modeli są następujące:

$$dC/dt = -k_0 \tag{4- 1}$$

$$dC/dt = -k_1 C \tag{4–1}$$

$$dC/dt = -k_2 C^2 \tag{4–3}$$

Gdzie, k0, k1 i k2 są odpowiednio stałą zerową (mg L-1 min-1), stałą pseudo-pierwszego rzędu (min-1) i stałą pseudo-sekundowego rzędu (mg-1Lmin-1). Stałe k0, k1 i k2 otrzymano ze stoków linii prostych, wykreślając C0-Ct, -ln (Ct/C0) i (C0-Ct)/CtC0 w funkcji czasu, t, poprzez regresję. Ct i C0 to stężenia MO (mg L-1) w czasie reakcji, t i czasie początkowym (t=0). Błędy względne zostały oszacowane przy użyciu poniższej metody:

$$Err(\%) = \frac{1}{N}\sum_{i=1}^{N}\left|\frac{(C_{cal} - C_{\exp})}{C_{\exp}}\right| \times 100 \tag{4–4}$$

Dane dotyczące stałych tempa i wartości regresji obu badanych modeli przedstawiono w tabeli 4.4.

Tabela 4.4: Obliczone parametry modeli kinetycznych zerowego i pseudo pierwszego rzędu dla fotokatalitycznej degradacji pomarańczy metylenowej przy użyciu różnych Cu-ZnO/TiO2.

Próbka	Model kinetyczny	Parametr
Cu(1wt%)-TiO2/ZnO kalcynowane w temperaturze 500°C	Pseudo-pierwsze zamówienie Zamówienie zerowe	k1:0.0145, R2:92.30 k1:0.1205, R2:77.71
Cu(2wt%)-TiO2/ZnO kalcynowany w temperaturze 500°C	Pseudo-pierwsze zamówienie Zamówienie zerowe	k1:0.0161, R2:92.04 k1:0.1192, R2:64.81
Cu(3wt%)-TiO2/ZnO kalcynowany w temperaturze 500°C	Pseudo-pierwsze zamówienie Zamówienie zerowe	k1:0.0186, R2:95.06 k1:0.1204, R2:55.49
Cu(4wt%)-TiO2/ZnO kalcynowany w temperaturze 500°C	Pseudo-pierwsze zamówienie Zamówienie zerowe	k1:0.0136, R2:96.26 k1:0.1151, R2:73.81
Cu(5wt%)-TiO2/ZnO kalcynowany w temperaturze 500°C	Pseudo-pierwsze zamówienie Zamówienie zerowe	k1:0.0111, R2:99.36 k1:0.1084, R2:84.06
Cu(1wt%)-TiO2/ZnO kalcynowany w temperaturze 700°C	Pseudo-pierwsze zamówienie Zamówienie zerowe	k1:0.0079, R2:98.96 k1:0.0928, R2:87.99
Cu(2wt%)-TiO2/ZnO kalcynowany w temperaturze 700°C	Pseudo-pierwsze zamówienie Zamówienie zerowe	k1:0.0085, R2:95.92 k1:0.0953, R2:82.12
Cu(3wt%)-TiO2/ZnO kalcynowany w temperaturze 700°C	Pseudo-pierwsze zamówienie Zamówienie zerowe	k1:0.0087, R2:96.67 k1:0.0956, R2:82.52
Cu(4wt%)-TiO2/ZnO kalcynowany w temperaturze 700°C	Pseudo-pierwsze zamówienie Zamówienie zerowe	k1:0.007, R2:96.94 k1:0.085, R2:88.02
Cu(5wt%)-TiO2/ZnO kalcynowany w temperaturze 700°C	Pseudo-pierwsze zamówienie Zamówienie zerowe	k1:0.0057, R2:98.93 k1:0.0762, R2:92.99

Wartości R2 modelu kinetycznego pseudo-sekundowego rzędu były istotnie niższe od wartości zera i pierwszego rzędu. W związku z tym, wyniki nie zostały przedstawione w tabeli 4.4 w kontraście, wartości Err (%) dla modelu kinetycznego pseudo-pierwszego rzędu były relatywnie mniejsze w porównaniu z wartościami modelu kinetycznego pseudo-zerowego rzędu. Oznaczało to, że fotokatalityczna degradacja MO przy użyciu Cu-TiO2/ZnO przebiegała zgodnie z modelem kinetycznym pierwszego rzędu. Rys. 4. 9 pokazuje teoretyczne i eksperymentalne zachowanie degradacji MO podczas reakcji. Zaobserwowano, że dane dotyczące degradacji są dobrze dopasowane do modelu pseudo-pierwszego rzędu. Porównanie pomiędzy badanymi Cu-TiO2/ZnO syntezowanymi w różnych temperaturach kalcynacji wykazało, że szybkość degradacji maleje w wyższej temperaturze kalcynacji. Ponadto, szybkość degradacji wzrastała wraz z obciążeniem miedzi w zsyntetyzowanym fotokatalizatorze do 3wt% i dalszy wzrost miedzi nie poprawił degradacji MO.

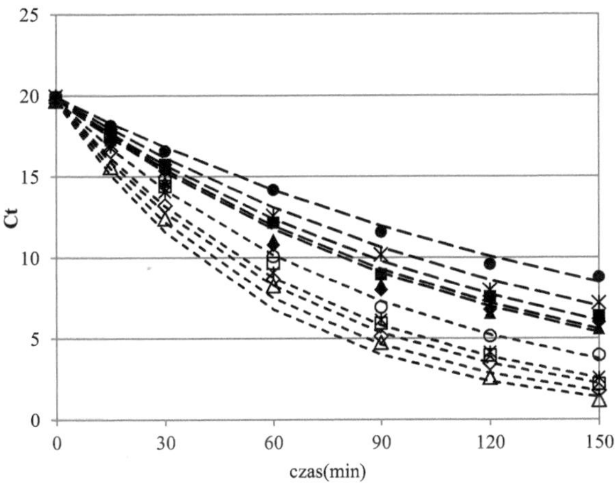

Rysunek 4.9. Kinetyka pseudo pierwszego rzędu dla niejednorodnej fotokatalitycznej degradacji pomarańczy metylenowej przy użyciu różnych Cu-ZnO/TiO2 ze stężeniem miedzi □:1wt%◇:2wt%, Δ:3wt%,*: 4wt%,○: 5wt%. Puste pociski: Kalkulowane w temperaturze 500°C,
Solidne kule: Kalkulowane w temperaturze 700°C.

4.8 Wrażliwość z wykorzystaniem metodologii (ANFIS)

Fotoaktywność Cu-TiO2/ZnO w zakresie barwy, ChZT i usuwania TOC pomarańczy metylowej i błękitu metylenowego do uzdatniania wody w oparciu o analizę ANFIS przedstawiono na rys. 4.10(a-h). Ogólnie rzecz biorąc, wyniki badań wykazały, że większe natężenie napromieniowania świetlnego zwiększa fotoprędkość Cu-TiO2/ZnO w wyniku aktywacji większej liczby par otworów elektronowych (rys. 4.10(a-h)). Średnio przyrost ten wynosił odpowiednio około 6,5% i 8% dla MB i MO w ciągu 80 min.

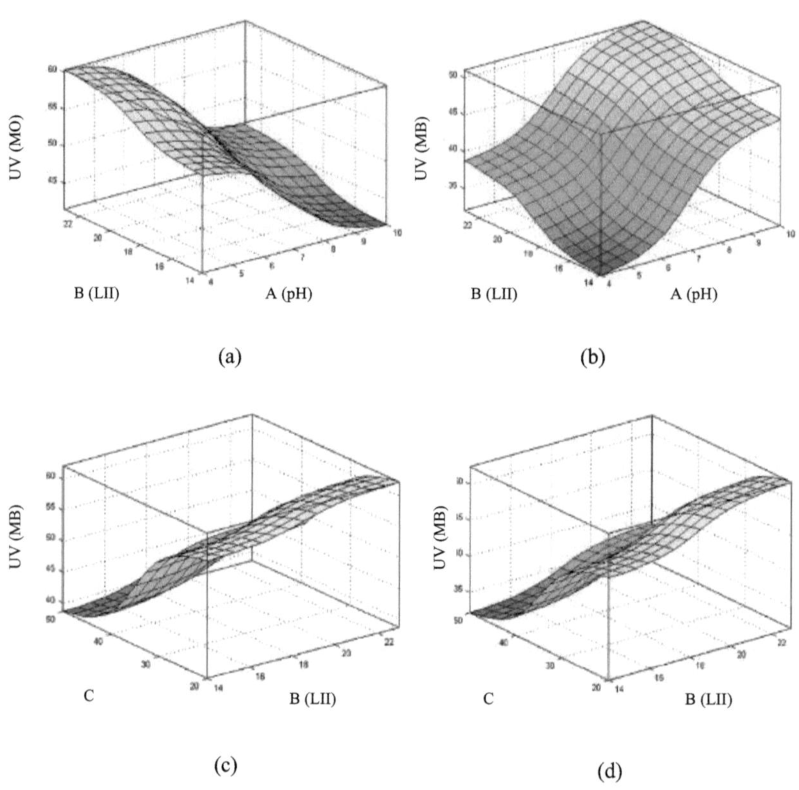

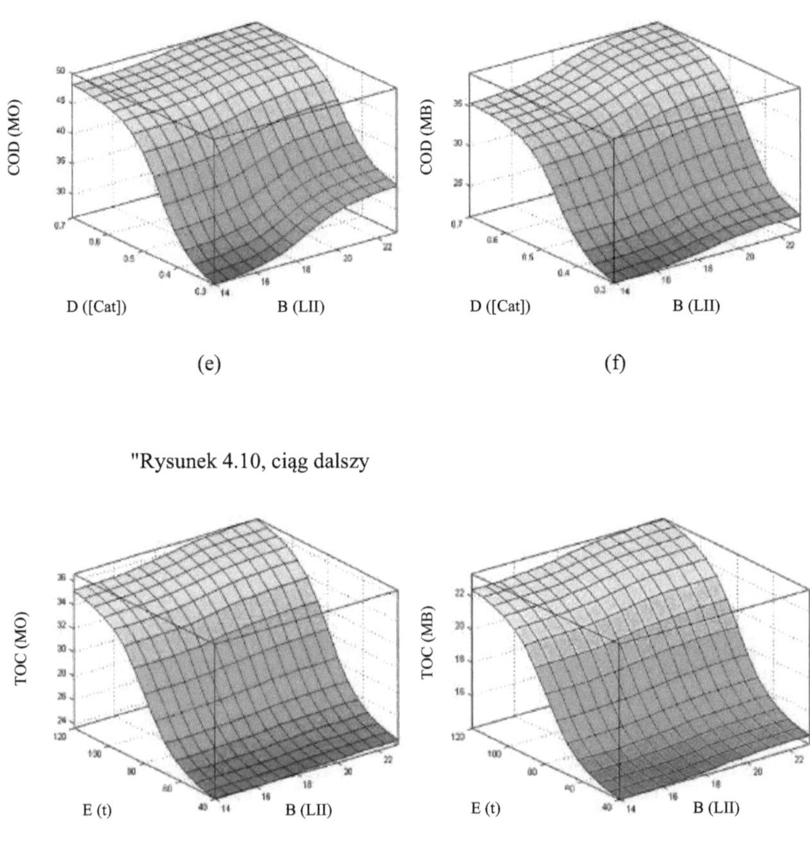

(g) (h)

Rysunek 4.10: Przewidywana zależność ANFIS dla wydajności usuwania koloru, ChZT i TOC (%) w funkcji efektów BA, BC, BD i BE. a)(c)(e)(g): MO oraz lit. b) d) f) h):MB.

W związku z tym połączone synergiczne lub antagonistyczne efekty innych parametrów z intensywnością napromieniowania światłem są przedstawione w fotoaktywności Cu-TiO2/ZnO. Usuwanie barwników MO (barwnik anionowy) i MB (barwnik kationowy) w stosunku do kwasowości roztworu przedstawiono na rys. 4.10 (a-b). Zaobserwowano wyższą wydajność degradacji pomarańczy metylowej przy kwaśnym pH, a odwrotnie - błękitu metylenowego. Przypisano ją zerowej wartości punktu doładowania katalizatora, która jest określona jako punkt zerowego ładunku powierzchniowego katalizatora (pHPZC). Stwierdzono, że pHPZC wynosi około 6,0 i 9,0 dla TiO2 i ZnO (Benhebal, Chaib i in. 2013, Mohd Omar, Abdul Aziz i in. 2014, Zhu, Wang i in. 2014).odpowiednio. Dlatego też, przy pH>pHPZC, zachodząca reakcja deprotonacji powoduje, że powierzchnia katalizatora jest naładowana ujemnie. Z drugiej strony, przy pH<pHPZC zachodzi reakcja protonacji, a powierzchnia katalizatora jest dodatnio naładowana. Zasadowość lub kwasowość roztworu decyduje o właściwościach ładunku powierzchniowego fotokatalizatora. Można sugerować, że Cu-TiO2/ZnO jest dodatnio naładowany w roztworze kwaśnym i adsorbuje cząsteczki MO poprzez przyciąganie elektrostatyczne. W takich warunkach adsorpcja MB staje się słabsza z powodu sił odpychających w roztworze alkalicznym. Podobne wyniki zaobserwowali Wang i in. (Bubacz, Choina et al. 2010) oraz Bubacz i in.

Jak pokazano na rys. 4.10c i 4.10d, na fotoaktywność Cu-TiO2/ZnO krytyczny wpływ miało początkowe stężenie barwnika. Większa koncentracja barwnika nie tylko zmniejsza głębokość penetracji fotonów, ale także nasyca ładunek powierzchniowy katalizatora do adsorpcji jonów hydroksylowych, zmniejszając sprawność katalizatora. W badaniach tych wydajność usuwania barwnika (%) zmniejszyła się o około 17,20 % i 22,85 % przy wzroście stężenia MB i MO, odpowiednio z 20 do 50 ppm w obecności katalizatora 0,5g/L w ciągu 80min.

Wpływ stężenia katalizatora na rozkład ChZT MO i MB 50ppm w ciągu 80 min przedstawiono również na rys. 4.10 (e) i (f). Zaobserwowano, że wraz ze wzrostem stężenia katalizatora do prawie 0,6 g/l usuwanie ChZT wyraźnie wzrosło, a następnie osiągnęło poziom plateau. Można sugerować, że stężenie Cu-TiO2/ZnO wynoszące

0,6g/L znajdowało się w synergicznej interakcji z napromieniowaniem światłem, a przy pH roztworu <6 dla MO i >7,5 dla MB istniała maksymalna i rozsądna degradacja fotokatalityczna barwników. Dla przykładu, warunki reakcji [katalizatora]: 0,6 g/L, [barwnika]: 35 ppm, pH: 5,5, natężenie napromieniania: 18,5 Watt i czas: 120 min dawały odpowiednio około 78,45%, 63,68% i 51,81% usunięcia barwy, ChZT i TOC roztworu pomarańczy metylowej. Jednak odpowiadające im usunięcie wzrosło tylko do 77,15%, 63,85% i 51,86%, gdy stężenie katalizatora wzrosło do 0,7g/L. Podobny efekt zaobserwowano w przypadku usuwania MB poprzez zwiększenie stężenia katalizatora. Inną przyczyną było wydalanie rodników OH na powierzchni katalizatora. Taką samą obserwację zgłosił Wang i wsp. (Wang, Li et al. 2010) dla degradacji pomarańczy metylowej, rodaminy B, azofuzyny, czerwieni kongowej i błękitu metylowego w obecności kompozytu Er3+:YAlO3/ZnO-TiO2.

Trendy usuwania TOC powyżej 120 min dla MO i MB ([barwnik]: 35 ppm) przedstawiono na rys. 4.20g i 4.20h. Tę samą tendencję zaobserwowano również w przypadku barwienia i usuwania ChZT. Zaobserwowano, że degradacja fotokatalityczna gwałtownie wzrosła, ponieważ czas reakcji zwiększył się do 90 min, a następnie znacznie się zmniejszył. Na podstawie obliczeń stwierdzono, że szybkość degradacji w ciągu 40min od czasu rozpoczęcia (t=0min) była znacznie większa w porównaniu z 40min<t<120min. Na podstawie szczegółów analizy stwierdzono, że reakcje degradacji zarówno MO, jak i MB przebiegały zgodnie z kinetyką reakcji drugiego rzędu. Ponadto, tabela 3.4 pokazuje, że poprzez wydłużenie czasu reakcji z 40 do 120 min, średnie zabarwienie, ChZT i usuwanie TOC zwiększyły się odpowiednio z 39,19 do 58,70, 31,75 do 47,87 i 19,78 do 34,23 dla MO o pH 4. Dla usuwania MB, średnie zabarwienie, ChZT i usuwanie TOC zmieniły się z 37,75 do 50,23, 29,37 do 42,02 i 16,69 do 28,79 przy pH 10.

Po dokonaniu oceny ogólnego wpływu różnych zmiennych operacyjnych na fotoaktywność syntezowanego Cu-TiO2/ZnO, ANFIS dokonał kompleksowego wyszukiwania na podstawie danych wejściowych, aby wybrać zestaw najbardziej optymalnych wejść kombinacyjnych, które mają największy wpływ na parametr wyjściowy (kolor, ChZT, usuwanie TOC). W związku z tym zbudowano model ANFIS na podstawie funkcji każdej z kombinacji, a następnie przeszkolono je dla jednej epoki. Ponieważ zawsze preferowany jest prosty model; nie zaleca się korzystania z więcej niż dwóch wejść w celu skonstruowania modelu ANFIS. Dlatego też dwuwejściowy ANFIS był podstawą do dalszej analizy. Parametry wejściowe zostały wybrane ze szkolenia wstępnego, a następnie pobrano zestawy danych kontrolnych. Aby umożliwić ANFISowi szybkie znalezienie właściwych danych wejściowych, użyta funkcja dla wszystkich zmiennych przeszkoliła każdą funkcję tylko dla jednej epoki. Po ustaleniu ilości danych wejściowych zwiększono ilość epok w szkoleniu ANFIS.

Osiągnięte wyniki zostały następnie przedstawione w tabelach 4.6-4.8 oraz na rys. 4.11 i 4.12 (a-f). Od początku zidentyfikowano i określono dane wejściowe, które miały największy wpływ na prognozę wyników, co przedstawiono na rysunkach 4.11 i 4.12 (a-f). Najbardziej lewe zmienne wejściowe miały najmniejszą liczbę błędów i były najbardziej istotne dla wyniku.

Tabela 4.6: Błędy regresji ANFIS dla przewidywań a) COD (MO) i b) COD (MB)

(a)					
	A	B	C	D	E
A	trn=13,5788, chk=39,5953	trn=12,9884, chk=21,0814	trn=11.8725, chk=14.1942	trn=10,2664, chk=41,6486	trn=11,6586, chk=26,6697
B		trn=13.1975, chk=15.2822	trn=11.4721, chk=13.3005	trn=9,7388, chk=14,5786	trn=11,2546, chk=28,0656
C			trn=11.8903, chk=13.0000	trn=8.0218, chk=13.0796	trn=9,9401, chk=44,4019

D				trn=10,4922, chk=14,7359	trn=7,9459, chk=14,2732
E					trn=12.1929, chk=14.5034

(b)

	A	B	C	D	E
A	trn=8,1257, chk=17,6228	trn=7,9404, chk=13,4524	trn=6,3140, chk=15,4134	trn=6,5434, chk=18,0497	trn=7,7340, chk=20,0278
B		trn=9,1685, chk=16,0595	trn=6,7466, chk=26,2550	trn=6,9417, chk=14,5628	trn=8,1765, chk=27,3865
C			trn=7,3443, chk=15,2469	trn=4,8595, chk=13,6452	trn=6,4309, chk=66,3315
D				trn=8,2355, chk=14,0243	trn=6,8426, chk=14,3543
E					trn=8,8049, chk=15,6607

Tabela 4.7: Błędy regresji ANFIS dla a) przewidywania TOC (MO) i b) TOC (MB)

(a)

	A	B	C	D	E
A	trn=10,8394, chk=38,3261	trn=10,5725, chk=21,8870	trn=9,3418, chk=16,9875	trn=8,5134, chk=38,8058	trn=8,9344, chk=23,1855
B		trn=11.1558, chk=12.7111	trn=9,3714, chk=14,5617	trn=8,5229, chk=12,5232	trn=8.9506, chk=34.1983
C			trn=9,5428, chk=10,5240	trn=6,9257, chk=11,3991	trn=7,3784, chk=72,6985
D				trn=9,4093, chk=12,7736	trn=6,4158, chk=12,6455
E					trn=10.0470, chk=11.8429

(b)

	A	B	C	D	E
A	trn=5,4325, chk=13,9648	trn=5,3844, chk=10,3864	trn=4,2751, chk=13,4206	trn=5,2694, chk=13,5342	trn=5,0276, chk=13,0826
B		trn=6,7627, chk=14,5613	trn=5,4159, chk=15,4851	trn=6,0617, chk=14,4486	trn=5,9961, chk=22,9495

C			trn=5,5215, chk=13,8583	trn=4,9256, chk=13,2302	trn=4,9194, chk=43,6577
D				trn=6,7585, chk=14,1394	trn=5,8706, chk=14,3237
E					trn=6,5806, chk=14,3668

Tabela 4.8: Błędy regresji ANFIS dla a) przewidywania UV (MO) i b) UV (MB)

(a)

	A	B	C	D	E
A	trn=15,3154, chk=46,3831	trn=14,4425, chk=23,3328	trn=13,0556, chk=22,4361	trn=11.6223, chk=50.0240	trn=12.6317, chk=31.6612
B		trn=14,7175, chk=17,5138	trn=12,6083, chk=22,6530	trn=10,9370, chk=16,6547	trn=12,1356, chk=31,9204
C			trn=13,3231, chk=14,6535	trn=9,0736, chk=14,2568	trn=10,4867, chk=78,5220
D				trn=11.7727, chk=16.6626	trn=8,5239, chk=16,0572
E					trn=13.2987, chk=16.2965

(b)

	A	B	C	D	E
A	trn=8,9689, chk=27,5768	trn=8,3114, chk=15,0759	trn=6,4623, chk=17,3156	trn=8.2036, chk=27.7094	trn=8,1754, chk=25,9802
B		trn=10,5466, chk=15,8548	trn=7.0390, chk=34.9871	trn=8,8504, chk=14,7736	trn=8,7218, chk=39,2389

C			trn=8,5434, chk=14,8521	trn=6,9600, chk=14,0702	trn=6,8392, chk=108,8177
D				trn=10.0510, chk=14.6058	trn=8,7194, chk=14,7814
E					trn=10,3837, chk=15,2219

Stężenie TiO2/ZnO i czas reakcji (zmienne wejściowe 4 i 5) miały największy wpływ na ChZT, TOC i usuwanie UV pomarańczy metylowej. Jednakże, jak pokazano na rys. 4.21 i 4.22 (b, d, f), stężenie barwnika i pH (zmienna wejściowa 1 i 3) były najbardziej wpływowymi parametrami usuwania błękitu metylenowego. Może to wynikać z ciemności podłoża, która znacznie wzrosła wraz ze wzrostem stężenia MB.

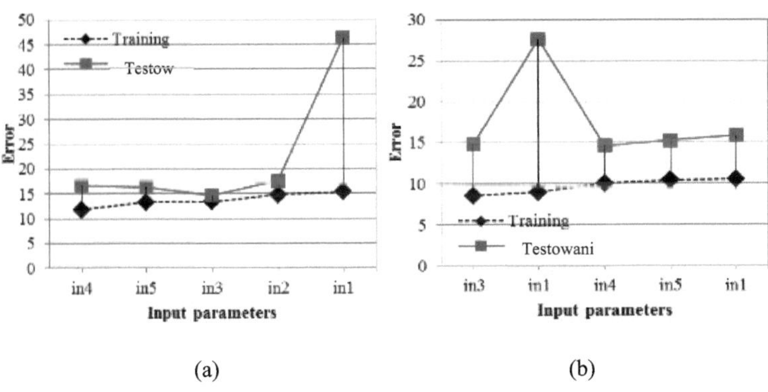

(a) (b)

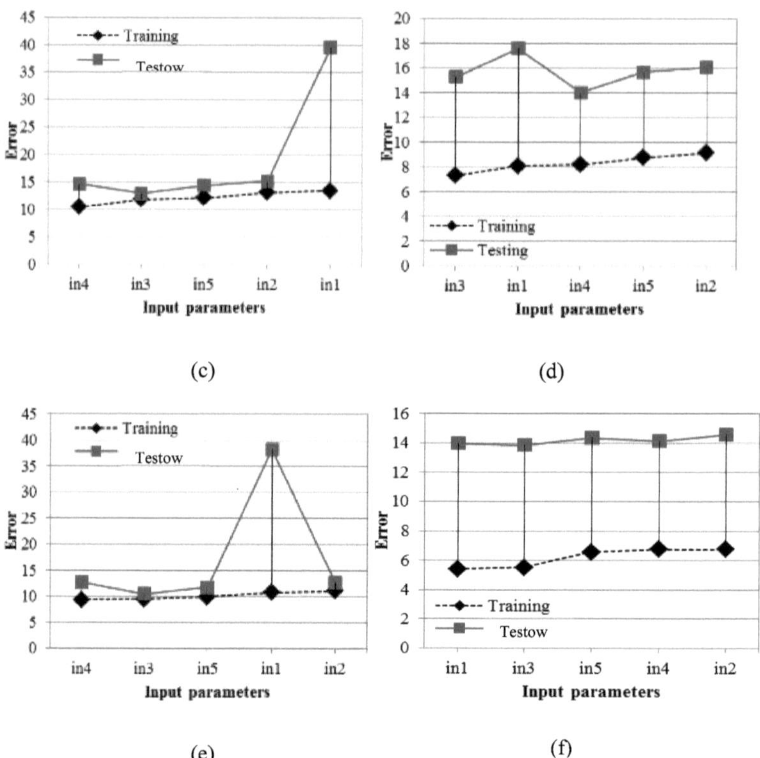

Rysunek 4.11: Wpływ każdego parametru wejściowego na (a) UV (MO), (b) UV (MB), (c) ChZT (MO), (d) ChZT (MB), (e) TOC (MO), (f) TOC (MB).

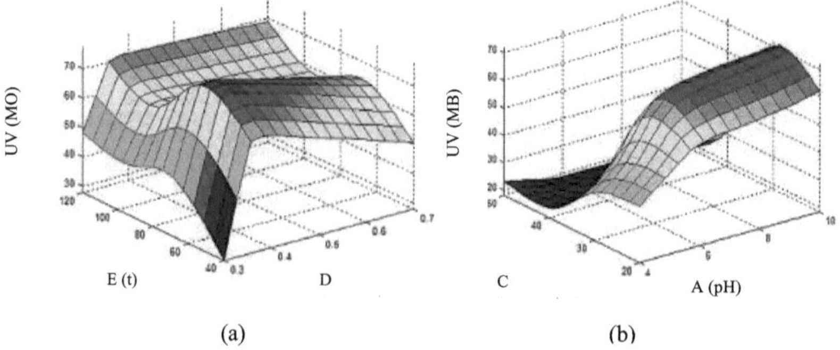

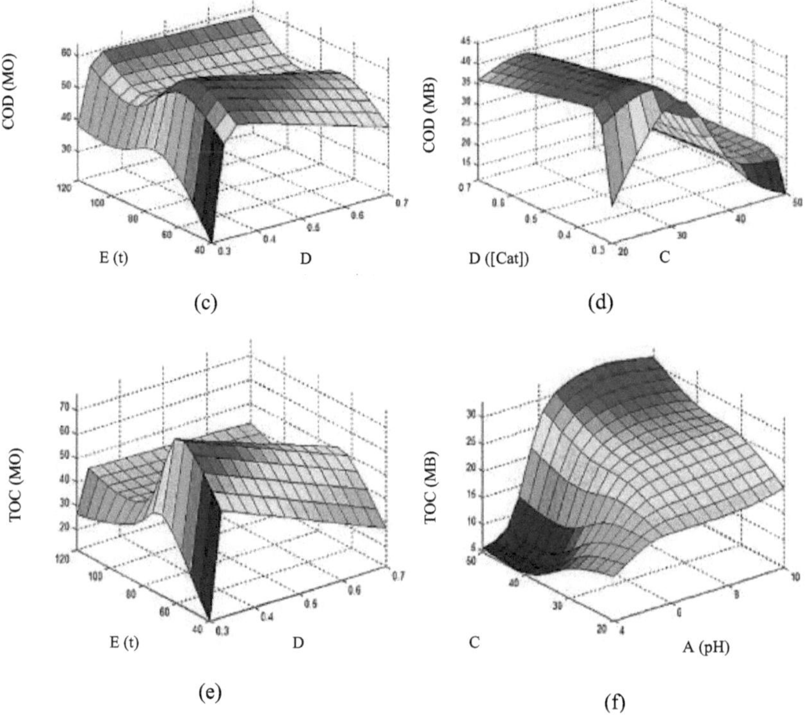

Rysunek 4.12: Przewidywana zależność ANFIS między najbardziej wpływowymi parametrami a: a) UV (MO), b) UV (MB), c) ChZT (MO), d) ChZT (MB), e) TOC (MO), f) TOC (MB).

Fakt, że zarówno błędy kontrolne, jak i szkolenia były porównywalne, jest pośrednią wskazówką, która sugeruje, że nie było nadmiernego dopasowania. Oznacza to, że wybór więcej niż jednego parametru wejściowego w konstrukcji modelu ANFIS jest wykonalny. Tabele 4.6-4.8 przedstawiają optymalne kombinacje dwóch danych wejściowych do przewidywania ChZT, TOC i usuwania promieniowania UV. Wyniki wskazują, że kombinacja D i E (Cu-TiO2/ZnO oraz stężenia barwnika i czasu reakcji) była najbardziej efektywnym parametrem dla usuwania ChZT, TOC i UV MO; natomiast D, C i A (Cu-TiO2/ZnO oraz stężenia barwnika i pH) były najbardziej efektywnymi parametrami dla usuwania UV, ChZT i TOC MB.

4.9 Optymalizacja procesu usuwania

W celu określenia warunków, w których Cu-TiO2/ZnO może wykazać się najwyższą skutecznością usuwania lub większą przydatnością/efektywnością, przeprowadzono optymalizację poziomów czynników operacyjnych w oparciu o eksperymenty przeprowadzone dla usuwania MO i MB oraz uzyskane modele kwadratowe. Odpowiednio do tego, wybrane kryteria w celu osiągnięcia maksymalnej pożądanej skuteczności fotokatalizatora (Kolor, ChZT i TOC), "w zakresie" dla stężeń barwnika/katalizatora, napromieniowania światłem widzialnym i czasu reakcji oraz wartości pH w zakresie 4-6 dla MO i 7-10 dla MB. Spośród 20 zaproponowanych roztworów dla każdej z kategorii wybrano ten o największej pożądalności oraz przeprowadzono dwa dodatkowe badania w celu oceny zasadności procedury. Zidentyfikowano optymalne warunki dla MO i MB: [Cu-TiO2/ZnO]: 0,61 g/L, [Dye]: 20 ppm, pH: 7,8 (dla MB); 4,5 (dla MO), natężenie światła: 23 W i czas reakcji: 120 min. Wartości przewidywanego i uzyskanego doświadczalnie zabarwienia, ChZT i TOC wraz z wartością rozbieżności między nimi podsumowano w tabeli 4.9.

Tabela 4.9: Wartości przewidywane i doświadczalne badanych odpowiedzi w warunkach optymalnych

Reakcja	Przewidywane wartości		Wyniki eksperymentalne		Błąd%	
	MO	MB	MO	MB	MO	MB
Skuteczność usuwania koloru (%)	87.43	76.08	85.45	73.20	2.27	2.78
Wydajność usuwania ChZT (%)	73.15	60.96	70.56	59.92	3.54	1.7
Skuteczność usuwania TOC (%)	50.82	40.19	48.70	38.77	4.18	3.54

3% Cu doping TiO2/ZnO

Zaobserwowano, że maksymalne odchylenie między wartościami przewidywanymi a doświadczalnymi wynosiło 4,18%, co potwierdziło słuszność otrzymanych modeli regresji i pożądaną fotooaktywność syntezowanego Cu-TiO2/ZnO w zakresie odbarwiania, degradacji i mineralizacji zarówno pomarańczy metylowej, jak i błękitu metylenowego w świetle widzialnym. Ostatecznie, wyniki badań mogą być porównane z dostępnymi i podobnymi opracowaniami w tabeli 4.10.

Tabela 4.10: Dostępne i podobne literatury w zakresie fotokatalizatorów z domieszką TiO_2

Catalyst	Cu	powierzchnia (m2/g)	Luka w taśmie	Wielkość kryształu (nm)	Temperatura kalcynacji	Komentarze	Ref.
Cu-TiO2	0.0%	78.2	3.0	-	450 °C	• Cu(5,0%) zaprezentował najwyższą aktywność na...	(Aguilar, Navas et al. 2013)
	2.5%	90.9	2.1	-	450 °C		
	5.0%	99.1	1.7	-	450 °C		
	7.5%	104.2	1.6	-	450 °C		
Cu-TiO2	0.5%	81	3.15	13	400 °C	• Badano wpływ kwasu siarkowego (SA) i kwasu azotowego (NA) na fotokatalizator.	(Colón, Maicu et al. 2006)
		13	3.14	20	500 °C		
		2	3.00	34	600 °C		
Cu-TiO2	1%	117	3.37	10	400 °C	• Kwas siarkowy i kalcynacja w wyższej temperaturze poprawiły katalizator	(Colón, Maicu et al. 2006)
		55	3.22	17	500 °C		
		<1	3.06	42	600 °C		
Cu-TiO2 NA	0.5%	123	3.33	9	400 °C	• Cu(0,5%)-TiO2/S kalcynowane poniżej 600 C prezentowały najwyższą aktywność na...	(Colón, Maicu et al. 2006)
		11	3.27	19	500 °C		
		1	3.06	36	600 °C		
Cu-TiO2 SA	1%	112	3.38	10	400 °C		(Colón, Maicu et al. 2006)
		47	3.38	21	500 °C		
		7	2.93	-	600 °C		

"kontynuuj na następnych stronach"

Tabela 4.10: kontynuacja

Catalyst	Cu	powierzchnia (m2/g)	Luka w taśmie	Wielkość kryształu (nm)	Temperatura kalcynacji	Komentarze	Ref.
Cu-TiO2 NA	1%	117	3.35	9	400 ∘C		(Colón, Maicu et al. 2006)
		21	3.28	19	500 ∘C		
		1	3.06	34	600 ∘C		
Cu-TiO2 SA	0.5%	108	3.37	10	400 ∘C		
		43	3.38	20	500 ∘C		
		10	3.09	-	600 ∘C		
Cu-TiO2	0.1	54.42	3.254	17.01	550 ∘C	• Cu(0,1%) wykazał najwyższą aktywność na...	(Ganesh, Kumar et al. 2014)
	0.5	50.18	3.247	18.28	550 ∘C		
	1.0	17.96	3.265	18.80	550 ∘C		
	5	8.98	3.254	18.80	550 ∘C		
	10	8.24	3.247	19.05	550 ∘C		
Cu-ZnO	0.1	-	3.294	-	400 ∘C	• Cu(0,1%) wykazał najwyższą aktywność na...	(Jongnavakit, Amornpitoksuk et al. 2012)
	0.3	-	3.301	-	400 ∘C		
	0.5	-	3.315	-	400 ∘C		
	0.7	-	3.332	-	400 ∘C		
	1.0	-	3.342	-	400 ∘C		
ZnO/TiO2	20:80	32	2.82	24	450 ∘C	• ZnO(20)/TiO2(80) wykazało najwyższą aktywność na...	(Pozan and Kambur 2014)
ZnO/TiO2	50:50	21	2,87	31	450 ∘C		
ZnO/TiO2	80:20	15	2.89	38	450 ∘C		

REFERENCJE

A. Fujishima, T. N. R., D.A. Tryk (2000). "Fotokataliza dwutlenku tytanu." Journal of Photochemistry and Photobiology C: Photochemistry Reviews 1: 1-21.

A. Zaleska, J. W. S., E. Grabowska i J. Hupka (2008). "Preparation and photocatalytic activity of bor-modified TiO2 under UV and visible light." Zastosowana kataliza B 78(1-2): 92-100.

Abdollahil, Y., A. H. Abdullah, Z. Zainal i N. A. Yusof (2011). "Fotodegradacja o-krezolu przez ZnO pod wpływem promieniowania UV." Journal of American Science 7(8): 165-170.

Abdollahi, Y., A. H. Abdullah, Z. Zainal i N. Yusof, A. (2011). "Photodegradation of m-cresol by Zinc Oxide under Visible-light Irradiation " International Journal of Chemistry 3(3): 31-43.

Adan, C., et al. (2007). "Struktura i aktywność nanonizowanych katalizatorów anatazowych TiO2 z domieszką żelaza, przeznaczonych do fotokatalitycznej degradacji fenolu". Zastosowana kataliza B: Środowiskowa 72(1-2): 11-17.

Aguilar, T., J. Navas, R. Alcántara, C. Fernández-Lorenzo, J. J. Gallardo, G. Blanco i J. Martín-Calleja (2013). "Trasa syntezy nanocząstek TiO2 z domieszką Cu z bardzo niską szczeliną pasma." Chemical Physics Letters 571(0): 49-53.

Ahmad, M., E. Ahmed, Z. L. Hong, X. L. Jiao, T. Abbas i N. R. Khalid (2013). "Enhancement in visible light-responsive photocatalytic activity by embedding Cu-doped ZnO nanoparticles on multi-walled carbon nanotubes." Applied Surface Science 285, część B(0): 702-712.

Ahn, Y. U., E. J. Kim, H. T. Kim i S. H. Hahn (2003). "Zmiana właściwości strukturalnych i optycznych cienkich warstw zol-żel TiO2 o stężeniu katalizatora i temperaturze kalcynacji." Materiały Listy 57(30): 4660-4666.

Akpan, U. G. i B. H. Hameed (2011). "Wzmocnienie aktywności fotokatalitycznej TiO2 poprzez dopingowanie go jonami wapnia". Journal of Colloid and Interface Science 357(1): 168-178.

Alem, A. i H. Sarpoolaky (2010). "The effect of silver doping on photocatalytic properties of titania multilayer membranes." Solid State Sciences 12(8): 1469-1472.

Anandan, S., A. Vinu, K. L. P. Sheeja Lovely, N. Gokulakrishnan, P. Srinivasu, T. Mori, V. Murugesan, V. Sivamurugan i K. Ariga (2007). "Aktywność fotokatalityczna La-doped ZnO w zakresie degradacji monokrotofosu w zawiesinie wodnej". Journal of Molecular Catalysis A: Chemical 266(1-2): 149-157.

Arin, J., S. Thongtem i T. Thongtem (2013). "Jednostopniowa synteza nanokompozytów ZnO/TiO2 przez promieniowanie mikrofalowe i ich aktywność fotokatalityczną." Listy materiałowe 96(0): 78-81.

Asilturk, M., F. Sayilkan i E. Arpac (2009). "Effect of Fe3+ jon doping to TiO2 on the photocatalytic degradation of Malachite Green dye under UV and vis-irradiation." Journal of Photochemistry and Photobiology A: Chemistry 203(1): 64-71.

Aviam, O., G. Bar-Nes, Y. Zeiri i A. Sivan (2004). "Przyspieszona biodegradacja cementu przez bakterie utleniające siarkę jako próba biologiczna do oceny unieruchomienia niskoaktywnych odpadów radioaktywnych." Mikrobiologia stosowana i środowiskowa 70(10): 6031.

Bahadur, N. M., T. Furusawa, M. Sato, F. Kurayama i N. Suzuki (2010). "Rapid synthesis, characterization and optical properties of TiO2 coated ZnO nanocomposite particles by a novel microwave irradiation method". Material Research Bulletin 45(10): 1383-1388.

Baiju, K. V., P. Shajesh, W. Wunderlich, P. Mukundan, S. R. Kumar i K. G. K. Warrier (2007). "Effect of tantal addition on anatase phase stability and photoactivity of aqueous sol-gel derived mesoporous titania." Journal of Molecular Catalysis A: Chemical 276(1-2): 41-46.

Bakardjieva, S., V. Stengl, L. Szatmary, J. Subrt, J. Lukac, N. Murafa, D. Niznansky, K. Cizek, J. Jirkovsky i N. Petrova (2006). "Transformacja nanokryształów brookitu typu TiO2 w rutyl: korelacja pomiędzy mikrostrukturą a fotoaktywnością." Journal of Materials Chemistry 16(18): 1709-1716.

Bandara, J., I. Guasaquillo, P. Bowen, L. Soare, W. F. Jardim i J. Kiwi (2005). "Photocatalytic Storage of O2 as H2O2 Mediated by High Surface Area CuO. Dowody na istnienie redukcyjno-oksydacyjnego mechanizmu międzyfazowego". Langmuir 21(18): 8554-8559.

Barakat, M.A., et al (2005). "Photocatalytic degradation of 2-chlorophenol by Co-doped TiO2 nanoparticles." Applied Catalysis B: Środowiskowa 57(1): 23-30.

Barbuslinski, K. (2009). "KONTROWERSJE Z REAKCJŠ FENTONOWŠ DOTYCZŠCŠ CHEMII." CHEMIA EKOLOGICZNA I INŻYNIERIA S 16(3).

Batistella, L., L. A. Lerin, P. Brugnerotto, A. J. Danielli, C. M. Trentin, A. Popiolski, H. Treichel, J. V. Oliveira i D. de Oliveira (2012). "Transestryfikacja oleju sojowego w układzie rozpuszczalników organicznych, wspomagana ultradźwiękami, katalizowana lipazą". Ultrasonics Sonochemistry 19(3): 452-458.
Behnajady, M. A., N. Modirshahla i R. Hamzavi (2006). "Kinetic study on photocatalytic degradation of C.I. Acid Yellow 23 by ZnO photocatalyst." Journal of Hazardous Materials 133(1-3): 226-232.
Benhebal, H., M. Chaib, T. Salmon, J. Geens, A. Leonard, S. D. Lambert, M. Crine i B. Heinrichs (2013). "Fotokatalityczna degradacja fenolu i kwasu benzoesowego przy użyciu proszków tlenku cynku przygotowanych w procesie zol-żel." Alexandria Engineering Journal 52(3): 517-523.
Bettinelli, M., et al (2007). "Aktywność fotokatalityczna TiO2 z domieszką boru i wanadu. ." Journal of Hazardous Materials, 146(3): 529-534.
Binas, V. D., et al., 2012. 113-114(0): p. 79-86. (2012). "Synteza i aktywność fotokatalityczna nanostrukturalnych proszków z domieszką Mn TiO2 w świetle UV i widzialnym." Zastosowana kataliza B: Środowiskowa, 113-114: 79-86.
Bubacz, K., J. Choina, D. Dolat i A. W. Morawski (2010). "Methylene Blue and Phenol Photocatalytic Degradation on Nanoparticles of Anatase TiO2." Polish Journal of Environmental Studies 19(4).
Buyukbingol, E., A. Sisman, M. Akyildiz, F. N. Alparslan i A. Adejare (2007). "Adaptacyjny neurofuzzy inference system (ANFIS)": A new approach to predictive modeling in QSAR applications: A study of neuro-fuzzy modeling of PCP-based NMDA receptor antagonists". Chemia bioorganiczna i medyczna 15(12): 4265-4282.
C. Ad´an, J. C., A. Bahamonde, i A. Mart´ınez- Arias (2009). "Fotodegradacja fenolu za pomocą tlenu i nadtlenku wodoru nad TiO2 i TiO2 z domieszką Fe-doped". Catalysis Today 143(3-4): 247-252.
C. On, B. T., i J. Zhang (2010). "Termicznie stabilny mezoporowa anataza SiO2 z domieszką TiO2 o dużej powierzchni i doskonałej aktywności fotokatalitycznej." Journal of Colloid and Interface Science 344(2): 382-389.
C. Jin, R. Y. Z., Y. Guo, J. L. Xie, Y. X. Zhu, i Y. C. Xie (2009). "Hydrotermiczna synteza i charakterystyka TiO2 z domieszką fosforu o wysokiej aktywności fotokatalitycznej dla degradacji błękitu metylenowego". Journal of Molecular Catalysis A 313(1-2): 44-48.
C. Wang, Y. H. A., P. F. Wang, J. Hou, J. Qian, i S. H. Zhang (2010). "Preparation, characterization, photocatalytic properties of titania hollow sphere doped with cerium." Journal of Hazardous Materials 178(1-3): 517-521.
Carp, O., C. L. Huisman i A. Reller (2004). "Fotoindukowana reaktywność dwutlenku tytanu." Postęp w dziedzinie chemii półprzewodnikowej 32(1): 33-177.
Carraway, E. R., A. J. Hoffman i M. R. Hoffmann (1994). "Fotokatalityczne utlenianie kwasów organicznych na Quantum-Sized Semiconductor Colloids." Environmental Science & Technology 28(5): 786-793.
Carvalho, H. P. (2013). "Fotokatalizatory TiO2-Cu: badanie długo- i krótko zasięgowego środowiska chemicznego domieszki". Journal of Materials Science 48(11): 3904.
Chan, K. Y., S. H. Ling, T. S. Dillon i H. T. Nguyen (2011). "Diagnoza epizodów hipoglikemicznych przy użyciu systemu wykrywania reguł opartych na sieci neuronowej." Expert Systems with Applications 38(8): 9799-9808.
Chen, S., W. Zhao, W. Liu i S. Zhang (2008). "Przygotowanie, charakterystyka i ocena aktywności fotokatalizatora p-n węzła p-ZnO/n-TiO2.". Applied Surface Science 255(5, cz. 1): 2478-2484.
Chen, Y., C. Zhang, W. Huang, C. Yang, T. Huang, Y. Situ i H. Huang (2014). "Synteza porowatych cienkich warstw ZnO/TiO2 o superhydrofilowości i aktywności fotokatalitycznej metodą bez szablonu zol-żel". Surface and Coatings Technology 258(0): 531-538.
Chen, Z., N. Zhang i Y.-J. Xu (2013). "Synteza nanokompozytów grafenowo-ZnO z nanokompozytami o zwiększonej fotoaktywności i antyfotokorrozyjności." CrystEngComm 15(15): 3022-3030.
Chin-Chuan Liu, Y.-H. H., Pao-Fan Lai, Chia-Hsin Li, Chao-Lang Kao (2006). "Barwniki i pigmenty." 68: 191e195.
Chiou, C.-H. a. R.-S. J. (2007). "Fotokatalityczna degradacja fenolu w roztworach wodnych przez nanocząstki TiO2 z domieszką Pr". Journal of Hazardous Materials 149(1): 1-7.
Colon, G., et al (2006). "Systemy TiO2 z domieszką Cu z ulepszoną aktywno¶cią fotokatalityczną." Zastosowana kataliza B: Środowiskowa 67: 41-51.
Colón, G., M. Maicu, M. C. Hidalgo i J. A. Navío (2006). "Systemy TiO2 z domieszką Cu z ulepszoną aktywnością fotokatalityczną." Zastosowana analiza katalityczna B: Środowiskowa 67(1-2): 41-51.

Cronemeyer, D.C. (1959). "Infrared Absorption of Reduced Rutile Ti$ {\i1}{\i1}{\i1}{\i1}{\i1}{\i1}{\i1}{\i1}{\i1}Samotne kryształy.{\i0} Przegląd fizyczny 113(5): 1222-1226.

D. Li, H. H., N. K. Labhsetwar, S. Hishita, i N. Ohashi (2005). "Widoczna fotokataliza wywołana światłem na proszkach TiO2 z domieszką fluoru poprzez tworzenie powierzchniowych wakatów tlenowych." Chemical Physics Letters 401(4-6): 579-584.

Dalai Ajay, K., Ed. (2012). Nanokataliza dla paliw i substancji chemicznych. ACS Symposium Series, American Chemical Society.

Daneshvar, N., S. Aber, M. Seyed Dorraji, A. Khataee i M. Rasoulifard (2007). "Photocatalytic degradation of the insecticide diazinon in the presence of prepared nanocrystalline ZnO powder under irradiation of UV-C light". Technologia rozdzielania i oczyszczania 58(1): 91-98.

Daneshvar, N., D. Salari i A. R. Khataee (2004). "Fotokatalityczna degradacja czerwieni azowej 14 w wodzie na ZnO jako alternatywny katalizator dla TiO2." Journal of Photochemistry and Photobiology A: Chemistry 162(2-3): 317-322.

Devi, L. G., B.N. Murthy, i S.G. Kumar (2009). "Aktywność fotokatalityczna V5+, Mo6+ i Th4+ domieszkowanego polikrystalicznego TiO2 do degradacji chloropiryfosu w świetle UV/solarnym." Journal of Molecular Catalysis A: Chemical 308(1-2): 174-181.

Devi, L. G., B.N. Murthy, i S.G. Kumar (2010). "Aktywność fotokatalityczna TiO2 z domieszką jonów metali przejściowych Zn2+ i V5+": Wpływ wielkości krystalitu i konfiguracji elektronicznej domieszki na aktywność fotokatalityczną". Materialoznawstwo i inżynieria materiałowa: B 166(1): 1-6.

Du, Y. i J. Rabani (2003). "The Measure of TiO2 Photocatalytic Efficiency and the Comparison of Different Photocatalytic Titania." The Journal of Physical Chemistry B 107(43): 11970-11978.

E. Grabowska, A. Z., J. W. Sobczak, M. Gazda i J. Hupka (2009). "TiO2 z domieszką boru: charakterystyka i fotoaktywność w świetle widzialnym." Chemia zabiegowa 1(2): 1553-1559.

El-Shobaky, H. G., A. S. Ahmed i N. R. E. Radwan (2006). "Effect of γ-irradiation and ZnO-doping of CuO/TiO2 system on its catalytic activity in ethanol and isopropanol conversion." (2006). Colloids and Surfaces A: Physicochemical and Engineering Aspects 274(1-3): 138-144.

Elghniji, K., M. Ksibi i E. Elaloui (2012). "Sol-żel odwrócony preparat micelowy i charakterystyka N-dopedu TiO2. Skuteczna fotokatalityczna degradacja błękitu metylenowego w wodzie pod wpływem światła widzialnego." Journal of Industrial and Engineering Chemistry 18(1): 178-182.

F. Peng, L. F. C., L. Huang, H. Yu, i H. J. Wang (2008). "Preparat ditlenku tytanu z domieszką azotu o fotokatalitycznej aktywności światła widzialnego przy użyciu metody hydrotermicznej facile". Journal of Physics and Chemistry of Solids 69(7): 1657-1664.

Ferrari-Lima, A. M., R. P. de Souza, S. S. Mendes, R. G. Marques, M. L. Gimenes i N. R. C. Fernandes-Machado (2015). "Fotodegradacja benzenu, toluenu i ksylenów w świetle widzialnym przy zastosowaniu mieszanych katalizatorów TiO2 i ZnO z domieszką N". Catalysis Today 241, Part A(0): 40-46.

Fragala, M. E., I. Cacciotti, Y. Aleeva, R. Lo Nigro, A. Bianco, G. Malandrino, C. Spinella, G. Pezzotti i G. Gusmano (2010). "Nanawłókna TiO2-ZnO z domieszką Zn, wytworzone przez połączenie elektrospiningu i chemicznego osadzania oparów metali i substancji organicznych". CrystEngComm 12(11): 3858-3865.

Fujishima, A., T. N. Rao i D. A. Tryk (2000). "Fotokataliza dwutlenku tytanu." Journal of Photochemistry and Photobiology C: Photochemistry Reviews 1(1): 1-21.

Ganesh, I., P. P. Kumar, I. Annapoorna, J. M. Sumliner, M. Ramakrishna, N. Y. Hebalkar, G. Padmanabham i G. Sundarajan (2014). "Applied Surface Science." Przygotowanie i charakterystyka materiałów TiO2 z domieszką Cu do zastosowań elektrochemicznych, fotoelektrochemicznych i fotokatalitycznych.

Ganesh, I., P. P. Kumar, I. Annapoorna, J. M. Sumliner, M. Ramakrishna, N. Y. Hebalkar, G. Padmanabham i G. Sundarajan (2014). "Przygotowanie i charakterystyka materiałów TiO2 z domieszką Cu do zastosowań elektrochemicznych, fotoelektrochemicznych i fotokatalitycznych." Applied Surface Science 293(0): 229-247.

Gao, J., R. Jiang, J. Wang, P. Kang, B. Wang, Y. Li, K. Li i X. Zhang (2011). "The investigation of sonocatalytic activity of Er3+:YAlO3/TiO2-ZnO composite in azo dyes degradation." (2011). Ultrasonics Sonochemistry 18(2): 541-548.

Gao, J., X. Luan, J. Wang, B. Wang, K. Li, Y. Li, P. Kang i G. Han (2011). "Przygotowanie Er3+:YAlO3/Fe-doped TiO2-ZnO i jego zastosowanie w fotokatalitycznej degradacji barwników pod wpływem promieniowania słonecznego." Odsalanie 268(1-3): 68-75.

Gao, J., X. Luan, J. Wang, B. Wang, K. Li, Y. Li, P. Kang i G. Han (2011). "Przygotowanie Er3+:YAlO3/Fe-doped TiO2" ZnO i jego zastosowanie w fotokatalitycznej degradacji barwników pod wpływem promieniowania słonecznego." Odsalanie 268: 68-75.
Gaya, U. I. i A. H. Abdullah (2008). "Niejednorodna fotokatalityczna degradacja zanieczyszczeń organicznych nad dwutlenkiem tytanu: przegląd podstaw, postępów i problemów." Journal of Photochemistry and Photobiology C: Photochemistry Reviews 9(1): 1-12.
Geethanjali, M. i S. M. Raja Slochanal (2008). "A combined adapttive network and fuzzy inference system (ANFIS) approach for overcurrent relay system". Neurocomputing 71(4-6): 895-903.
Gennari, F. C. i D. M. Pasquevich (1998). "Kinetyka przemiany anatazowo-rutylowej w TiO2 w obecności Fe2O3." Journal of Materials Science 33(6): 1571-1578.
Gleick, P. H. (2004). "The World's Water 2004-2005. "The Biennale Report on Freshwater Resources." Islandzka Prasa.
Gonçalves, G., et al., 2006. 352(32–35): p. 3697-3704. (2006). "Preparat i charakterystyka katalizatorów na bazie niklu na bazie krzemionki, tlenku glinu i tytanu otrzymanych metodą zol-żel". Dziennik Niekrystalicznych ciał stałych 352(32-35): 3697-3704.
H. Abe, T. K., i M. Naito (2006). "Wpływ napromieniowania plazmą NH3/Ar na właściwości fizyczne i fotokatalityczne nanoproszku TiO2". Journal of Photochemistry and Photobiology A 183(1-2): 171-175.
H. Sun, S. W., H. M. Ang, M. O. Tad'e, i Q. Li (2010). "Dwutlenek tytanu modyfikowany pierwiastkami halogenowymi do fotokatalizy światła widzialnego." Chemical Engineering Journal 162(2): 437-447.
H. Tian, J. M., K. Li, i J. Li (2009). "Hydrotermiczna synteza nanocząstek Sdoped TiO2 i ich zdolność fotokatalityczna do degradacji pomarańczy metylowej." Ceramics International 35(3): 1289-1292.
Habibi, M. H., N. Talebian i J.-H. Choi (2007). "The effect of annealing on photocatalytic properties of nanostructured titanium dioxide thin films." Barwniki i pigmenty 73(1): 103-110.
Hadj Benhebal , M. C., Thierry Salmon , Je're'my Geens , i S. p. D. L. Ange'lique Leonard , Michel Crine , Beno't Heinrichs (2013). "Fotokatalityczna degradacja fenolu i kwasu benzoesowego przy użyciu
proszki tlenku cynku przygotowane w procesie zol-żel". Alexandria Engineering Journal 52: 517-523.
Hamadanian, M., A. Reisi-Vanani i A. Majedi (2009). "Przygotowanie i charakterystyka nanocząstek TiO2 z domieszką S, wpływ temperatury kalcynowania i ocena aktywności fotokatalitycznej". Chemia i fizyka materiałów 116(2-3): 376-382.
Hamadanian, M., A. Reisi-Vanani i A. Majedi (2010). "Synteza, charakterystyka i wpływ temperatury kalcynacji na przemianę fazową i aktywność fotokatalityczną nanocząstek Cu,S-kodowanej TiO2." Applied Surface Science 256(6): 1837-1844.
Han, C., M.-Q. Yang, B. Weng i Y.-J. Xu (2014). "Poprawa aktywności fotokatalitycznej i antyfotokorrozyjnej półprzewodnika ZnO poprzez sprzężenie z uniwersalnym węglem." Physical Chemistry Chemical Physics 16(32): 16891-16903.
He, F., et al (2013). "Solwotermiczna synteza nanocząstek TiO2 z domieszką N przy użyciu różnych źródeł azotu oraz ich aktywność fotokatalityczna do degradacji benzenu". Chinese Journal of Catalysis 34(12): 2263-2270.
On, Z., Y. Li, Q. Zhang i H. Wang (2010). "Kapilarne mikrokanałowe mikroreaktory z bardzo trwałymi nanorodami ZnO/TiO2 do szybkiej, wydajnej i ciągłej fotokatalizy przepływowej." Zastosowana kataliza B: Środowiskowa 93(3-4): 376-382.
Hirano, M., C. Nakahara, K. Ota i M. Inagaki (2002). "Bezpośrednia formacja Tytanii z domieszką cyrkonu o stabilnej strukturze typu anatazowego za pomocą hydrolizy termicznej." Journal of the American Ceramic Society 85(5): 1333-1335.
Inturi, S. N. R., T. Boningari, M. Suidan i P. G. Smirniotis (2014). "Indukowana światłem widzialna fotodegradacja acetonitrylu w fazie gazowej przy użyciu aerozolowego metalu przejściowego (V, Cr, Fe, Co, Mn, Mo, Ni, Cu, Y, Ce i Zr) domieszkowanego TiO2." Zastosowana kataliza B: Środowiskowa 144(0): 333-342.
J. G. Yu, W. G. W., B. Cheng, i B. L. Su (2009). "Enhancement of photocatalytic activity of Mesporous TiO2 powder powder by hydrothermal surface fluorination treatment" Journal of Physical Chemistry C 113(16): 6743-6750.
J. J. Xu, Y. H. A., M. D. Chen, i D. G. Fu (2009). "Lowtemperature preparation of Boron-doped titania by hydrothermal method and its photocatalytic activity." Journal of Alloys and Compounds 484(1-2): 73-79.

J. R. Xiao, T. Y. P., R. Li, Z. H. Peng, i C. H. Yan (2006). "Preparation, phase transformation and photocatalytic activities of cerium-doped mesoporous titania nanoparticles." Journal of Solid State Chemistry 179(4): 1161-1170.

J. Xu, Y. A., D. Fu, i C. Yuan (2008). "Synteza węgla aktywowanego z domieszką fluoru, powlekanego tytanem w niskiej temperaturze, o wysokiej aktywności fotokatalitycznej w świetle widzialnym". Journal of Physics and Chemistry of Solids 69(10): 2366-2370.

Jlassi, M., H. Chorfi, M. Saadoun i B. Bessaïs (2013). "Współczynnik ZnO powoduje fotokatalityczne zachowanie nanokompozytu TiO2-ZnO." Superlattice i mikrostruktury 62(0): 192-199.

Johra, F.T. i W.-G. Jung (2015). "Kompozyty RGO-TiO2-ZnO: synteza, charakterystyka i zastosowanie do fotokatalizy." Zastosowana kataliza A: Ogólne 491(0): 52-57.

Jongnavakit, P., P. Amornpitoksuk, S. Suwanboon i N. Ndiege (2012). "Preparat i aktywność fotokatalityczna cienkich warstw Cu-dopedu ZnO przygotowanych metodą zol-żel". Applied Surface Science 258(20): 8192-8198.

Jongnavakit, P., P. Amornpitoksuk, S. Suwanboon i N. Ndiege (2012). "Przygotowanie i aktywność fotokatalityczna cienkich warstw Cu-dopedu ZnO przygotowanych metodą żelową." Applied Surface Science 258(20): 8192-8198.

Jongnavakit, P., et al (2012). "Przygotowanie i aktywność fotokatalityczna cienkich warstw Cu-dopedu ZnO przygotowanych metodą żelową." Applied Surface Science 258(20): 8192-8198.

Jongsomjit, B., C. Sakdamnuson, J. Goodwin, Jr. i P. Praserthdam (2004). "Co-Support Compound Formation in Titania-Supported Cobalt Catalyst." Listy katalityczne 94(3-4): 209-215.

Jonidi-Jafari, A., M. Shirzad-Siboni, J.-K. Yang, M. Naimi-Joubani i M. Farrokhi "Fotokatalityczna degradacja diazinonu z podświetlanym kompozytem ZnO-TiO2." Journal of the Taiwan Institute of Chemical Engineers(0).

K. J. A. Raj, A. V. R. i B. Viswanathan (2009). "Powierzchnia, wielkość porów i wielkość cząsteczek tytanii z techniką wysiewu i modyfikacji fosforanów." Journal of Physical Chemistry C 113(31): 13750-13757.

K. Mori, K. M., S. Kawasaki, S. Yuan, i H. Yamashita (2008). "Hydrotermiczna synteza fotokatalizatorów TiO2 w obecności NH4 F i ich zastosowanie do degradacji związków organicznych". Chemical Engineering Science 63(20): 5066-5070.

K.G. Kanade, B.B.K., J.-O. Baeg, S.M. Lee, C.W. Lee, S.-J. Moon, H. Chang (2007). "Self-assembled aligned Cu doped ZnO nanocząsteczki do fotokatalitycznej produkcji wodoru w świetle widzialnym." Materials Chemistry and Physics 102: 98-104.

Kansal, S. K., M. Singh i D. Sud (2008). "Badania nad fotokatalizowaną degradacją ligniny TiO2/ZnO." Journal of Hazardous materials 153(1-2): 412-417.

Karunakaran, C., G. Abiramasundari, P. Gomathisankar, G. Manikandan i V. Anandi (2011). "Preparat i charakterystyka nanokompozytu ZnO-TiO2 do dezynfekcji fotokatalitycznej bakterii i detoksykacji cyjanku w świetle widzialnym". Material Research Bulletin 46(10): 1586-1592.

Karunakaran, C., P. Vinayagamoorthy i J. Jayabharathi (2013). "Elektryczne, optyczne i fotokatalityczne właściwości zol-żelu wspomaganego glikolem polietylenowym z domieszką Mn TiO2/ZnO w postaci nanocząsteczek rdzeniowo-skorupowych". Superlatywy i mikrostruktury 64(0): 569-580.

Khan, M. M., J. Lee i M. H. Cho (2014). "Nanokompozyty Au@TiO2 do katalitycznej degradacji pomarańczy metylowej i błękitu metylenowego: Efekt elektronowego przekaźnika". "Nanokompozyty Au@TiO2 do katalitycznej degradacji pomarańczy metylowej i błękitu metylenowego Journal of Industrial and Engineering Chemistry 20(4): 1584-1590.

Kim, C.-S., J.-W. Shin, Y.-H. Cho, H.-D. Jang, H.-S. Byun i T.-O. Kim (2013). "Synteza i charakterystyka mezoporowych fotokatalizatorów światła widzialnego TiO2 z domieszką Cu/N". Zastosowana kataliza A: Ogólne 455(0): 211-218.

Konyar, M., H. C. Yatmaz i K. Öztürk (2012). "Wpływ temperatury spiekania na efektywność fotokatalityczną płyt kompozytowych ZnO/TiO2". Applied Surface Science 258(19): 7440-7447.

Krumme, M. L. i S. A. Boyd (1988). "Redukcyjne odchlorowanie chlorowanych fenoli w beztlenowych bioreaktorach upflow." Water Research 22(2): 171-177.

Ku, Y., Y.-H. Huang i Y.-C. Chou (2011). "Przygotowanie i charakterystyka ZnO/TiO2 do fotokatalitycznej redukcji Cr(VI) w roztworze wodnym." Journal of Molecular Catalysis A: Chemical 342-343(0): 18-22.

Kwong, C. K., T. C. Wong i K. Y. Chan (2009). "Metodologia generowania modeli satysfakcji klientów dla rozwoju nowych produktów z wykorzystaniem podejścia neuro-fuzzy." Expert Systems with Applications 36(8): 11262-11270.

L. Wu, J. C. Y., X. Fu (2006). "Characterization and photocatalytic mechanism of nanosized CdS coupled TiO2 nanocrystals under visible light irradiation." (2006). Journal of molecular catalysis A: Chemical 244: 25-32.
Lakshminarayana, G., J. Qiu, M. G. Brik, G. A. Kumar i I. V. Kityk (2008). "Spectral analysis of Er 3+ -, Er 3+ /Yb 3+ - and Er 3+ / Tm 3+ / Yb 3+ -doped TeO 2 -ZnO-WO 3 -TiO 2 -Na 2 O glasses." Dziennik Fizyki: Skondensowana Materia 20(37): 375101.
Lee, D. Y., M.-H. Lee, i N.-I. Cho (2012). "Preparat i fotokatalityczna degradacja nanorodników dwutlenku tytanu domieszkowanego erbem". Current Applied Physics 12(4): 1229-1233.
Li, F. B. i X. Z. Li (2002). "Zwiększanie wydajności fotodegradacji przy użyciu katalizatora Pt-TiO2". Chemosfera 48(10): 1103-1111.
Li, L., X. Zhang, W. Zhang, L. Wang, X. Chen i Y. Gao (2014). "Wspomagana mikrofalami synteza nanokompozytu Ag/ZnO-TiO2 i degradacja fotokatalityczna rodaminy B w różnych trybach." Koloidy i powierzchnie A: Aspekty fizykochemiczne i inżynieryjne 457(0): 134-141.
Li, X., R. Xiong, i G. Wei (2009). "Przygotowanie i aktywność fotokatalityczna nano-dopowanego TiO2." Journal of Hazardous Materials 164(2-3): 587-591.
Li, Y., et al (2010). "Węgiel aktywny wspomagany fotokatalizacją TiO2 z domieszką jonów Fe w celu ciągłego oczyszczania ścieków z barwników w reaktorze dynamicznym." Journal of Environmental Sciences 22(8): 1290-1296.
Liao, S., H. Donggen, D. Yu, Y. Su i G. Yuan (2004). "Przygotowanie i charakterystyka fotokatalizatorów ZnO/TiO2, SO42-/ZnO/TiO2 i ich fotokatalizatorów." Journal of Photochemistry and Photobiology A: Chemistry 168(1-2): 7-13.
Lin, X., et al (2012). "Enhanced photocatalytic activity of fluor doped TiO2 by loaded with Ag for degradation of organic pollutants." Technologia proszkowa 219: 173-178.
Liu, R., H. Ye, X. Xiong i H. Liu (2010). "Wytwarzanie nanowłókien kompozytowych TiO2/ZnO metodą elektrospiningu i ich właściwości fotokatalitycznych". Chemia i fizyka materiałów 121(3): 432-439.
Liu, X., L. Pan, T. Lv, Z. Sun i C. Sun (2012). "Zwiększona redukcja fotokatalityczna Cr(VI) przez kompozyty ZnO-TiO2-CNTs syntezowane w reakcji mikrofalowej." Journal of Molecular Catalysis A: Chemical 363-364(0): 417-422.
Liu, Y., et al (2005). "Fotokatalityczna degradacja barwników azowych przez nanokatalizatory TiO2 z domieszką azotu". Chemosfera 61(1): 11-18.
M. Asilt¨urk, F. S., i E. Arpac (2009). "Effect of Fe3+ jon doping to TiO2 on the photocatalytic degradation of Malachite Green dye under UV and vis-irradiation." Journal of Photochemistry and Photobiology A 203(1): 64-71.
M. Asilt¨urk, F. S., i E. Arpac (2009). "Effect of Fe3+ jon doping to TiO2 on the photocatalytic degradation of Malachite Green dye under UV and vis-irradiation" Journal of Photochemistry and Photobiology A 203(1): 64-71.
M. Bettinelli, V. D., D. Falcomer i inni (2007). "Aktywność fotokatalityczna TiO2 z domieszką boru i wanadu." Journal of Hazardous Materials 146(3): 529-534.
M. Estruga, C. D., X. Dom`enech, i J. A. Ayll ´ na (2010). "Synteza fotokatalizatorów TiO2 z domieszką cyrkonu i domieszką krzemu z prekursorów jonowo-cieczowych." Journal of Colloid and Interface Science 344(2): 327-333.
M. Huang, C. X., Z. Wu, Y. Huang, J. Lin, i J. Wu (2008). "Fotokatalityczne odbarwienie roztworu pomarańczy metylowej przez zmodyfikowany Pt TiO2 załadowany na naturalny zeolit." Barwniki i pigmenty 77(2): 327-334.
M.C. Hadj Benhebal , T.S., Je´re´my Geens „ S.p.D.L. Ange´lique Leonard , Michel Crine , Beno´t Heinrichs (2013). "Fotokatalityczna degradacja fenolu i kwasu benzoesowego przy użyciu proszków tlenku cynku przygotowanych w procesie zol-żel." Alexandria Engineering Journal 52: 517-523.
M.L. Krumme, S. A. B. (1988). "Redukcyjne odchlorowanie chlorowanych fenoli w beztlenowych bioreaktorach upflow." Water Research 22: 171-177.
Marcì, G., V. Augugliaro, M. J. López-Muñoz, C. Martín, L. Palmisano, V. Rives, M. Schiavello, R. J. D. Tilley i A. M. Venezia (2001). "Preparation Characterization and Photocatalytic Activity of Polycrystalline ZnO/TiO2 Systems. 1. Charakterystyka powierzchniowa i objętościowa". The Journal of Physical Chemistry B 105(5): 1026-1032.
McManamon, C., J.D. Holmes, i M.A. Morris, 2011. 193(0): p. 120-127. (2011). "Improved photocatalytic degradation rates of phenol achieved using novel porous ZrO2-doped TiO2 nanoparticulate powder." (2011). Journal of Hazardous Materials 193: 120-127.

Mohan, R., K. Krishnamoorthy i S.-J. Kim (2012). "Enhanced photocatalytic activity of Cu-doped ZnO nanorods." Solid State Communications 152(5): 375-380.
Mohd Omar, F., H. Abdul Aziz i S. Stoll (2014). "Agregacja i dezagregacja nanocząstek ZnO: wpływ pH i adsorpcja kwasu humusowego z rzeki Suwannee." Sci Total Environ 469: 195-201.
Moradi, S., P. Aberoomand-Azar, S. Raeis-Farshid, S. Abedini-Khorrami i M. H. Givianrad "Wpływ różnych stosunków molowych ZnO na charakterystykę i aktywność fotokatalityczną nanokompozytu TiO2/ZnO". Journal of Saudi Chemical Society(0).
Morikawa, T., Y. Irokawa i T. Ohwaki (2006). "Zwiększona aktywność fotokatalityczna TiO2-xNx obciążonego jonami miedzi w świetle widzialnym." Zastosowana analiza katalityczna A: Ogólne 314(1): 123-127.
Murugan, R., V. J. Babu, M. M. Khin, A. S. Nair i S. Ramakrishna (2013). "Synteza i fotokatalityczne zastosowania mezostruktur w kształcie kwiatów ZnO-TiO2." Materiały Listy 97(0): 47-51.
N. Daneshvar, S. A., M. Seyed Dorraji, A. Khataee, M. Rasoulifard (2007). "Photocatalytic degradation of the insecticide diazinon in the presence of prepared nanocrystalline ZnO powder under irradiation of UV-C light". Technologia rozdzielania i oczyszczania 58: 91-98.
N. Takeda, K. T., 40 (1988) 678-682. (1988). "Generacja nadtlenkowego rodnika anionowego z materii organicznej atmosfery." Bulletin of environmental contamination and toxicology 40: 678-682.
N. Todorova, T. G., T. Vaimakis i C. Trapalis (2008). "Structural tailoring of fluorine-doped TiO2 nanostrukturalnych proszków." Materials Science and Engineering B 152(1-3): 50-54.
Naeem, K. a. F. O. (2010). "Preparat nanocząstek TiO2 z domieszką Fe3+ i jego aktywność fotokatalityczna w świetle UV." Physica B: Condensed Matter 405(1): 221-226.
Naimi-Joubani, M., M. Shirzad-Siboni, J.-K. Yang, M. Gholami i M. Farzadkia "Fotokatalityczna redukcja chromu sześciowartościowego z podświetlanym kompozytem ZnO/TiO2." Journal of Industrial and Engineering Chemistry(0).
Nozik, A. J. (1978). "Fotoelektrochemia": Zastosowania do konwersji energii słonecznej." Roczny Przegląd Chemii Fizycznej 29: 189-222.
O. Aviam, G. B.-N., Y. Zeiri, A. Sivan (2004). "Accelerated biodegradation of cement by sulfur-oxidizing bacteria as a bioassay for evaluating immobilization of low-level radioactive waste." Mikrobiologia stosowana i środowiskowa 70: 6031.
O. Carp, C. L. H., A. Reller (2004). "Fotoindukowana reaktywność dwutlenku tytanu." Progress in Solid State Chemistry 32: 33-177.
P. Jongnavakit, P. A., S. Suwanboon, N. Ndiege (2012). "Preparat i aktywność fotokatalityczna cienkich warstw Cu-dopedu ZnO przygotowanych metodą zol-żel". Applied Surface Science 258: 8192-8198.
P. Jongnavakit, P. A., S. Suwanboon, N. Ndiege (2012). "Preparat i aktywność fotokatalityczna cienkich warstw Cu-dopedu ZnO przygotowanych metodą żelową." Applied Surface Science 258: 8192-8198.
Pang, Y. L. i A. Z. Abdullah (2013). " Fe3+ domieszkowane nanorurki TiO2 do połączonej adsorpcyjno-sonokatalitycznej degradacji prawdziwych ścieków tekstylnych." Zastosowana kataliza B: Środowiskowa 129: 473-481.
Pant, B., H. R. Pant, N. A. M. Barakat, M. Park, K. Jeon, Y. Choi i H.-Y. Kim (2013). "Carbon nanofibers decorated with binary semiconductor (TiO2/ZnO) nanocomposites for the effective removal of organic pollutants and the enhancement of antibacterial activities." Ceramics International 39(6): 7029-7035.
Pant, H. R., B. Pant, R. K. Sharma, A. Amarjargal, H. J. Kim, C. H. Park, L. D. Tijing i C. S. Kim (2013). "Antybakteryjne i fotokatalityczne właściwości nanokwiatostanów Ag/TiO2/ZnO przygotowanych w procesie hydrotermicznym z jednej działki." Ceramics International 39(2): 1503-1510.
Pant, H. R., C. H. Park, B. Pant, L. D. Tijing, H. Y. Kim i C. S. Kim (2012). "Synteza, charakterystyka i właściwości fotokatalityczne nanokwiatu ZnO zawierającego TiO2 NP". Ceramics International 38(4): 2943-2950.
Paola, A. D., M. Bellardita i L. Palmisano (2013). "Brookite, najmniej znany fotokatalizator TiO2." Katalizator.
Park, J.-Y., K.-I. Choi, J.-H. Lee, C.-H. Hwang, D.-Y. Choi i J.-W. Lee (2013). "Wytworzenie i charakteryzacja nanowłókien TiO2 z domieszką metalu do reakcji fotokatalitycznych." Materials Letters 97(0): 64-66.

Pawar, R. C., D.-H. Choi, J.-S. Lee i C. S. Lee (2015). "Formacja powierzchni polarnych w mikrostrukturze ZnO poprzez domieszkowanie Cu i zastosowanie w fotokatalizie z wykorzystaniem światła widzialnego." Chemia i fizyka materiałów 151(0): 167-180.
Pei, C. C. i W. W.-F. Leung (2013). "Zwiększona aktywność fotokatalityczna elektrospunowych nanowłókien TiO2/ZnO o optymalnym stosunku anataza/rutyl". Catalysis Communications 37(0): 100-104.
Pei, C. C. i W. W.-F. Leung (2013). "Fotokatalityczna degradacja rodaminy B przez nanowłókna TiO2/ZnO w świetle widzialnym." Technologia rozdzielania i oczyszczania 114(0): 108-116.
Pham, T.-D. i B.-K. Lee (2014). "Cu dopingowany TiO2/GF do dezynfekcji fotokatalitycznej Escherichia coli w bioaerozolach w świetle widzialnym. Zastosowanie i mechanizm." Applied Surface Science 296(0): 15-23.
Philip, J. S. a. L. (2010). "Fotokatalityczna degradacja lindanu pod wpływem promieniowania UV i światła widzialnego przy użyciu N-dopedii TiO2." Chemical Engineering Journal 161(1-2): 83-92.
Pozan, G. S. i A. Kambur (2014). "Znaczący wzrost aktywności fotokatalitycznej nad dwufunkcyjnymi katalizatorami ZnO-TiO(2) do degradacji 4-chlorofenoli". Chemosfera 105: 152-159.
Pozan, G. S. i A. Kambur (2014). "Znaczący wzrost aktywności fotokatalitycznej nad dwufunkcyjnymi katalizatorami ZnO-TiO2 dla degradacji 4-chlorofenoli." Chemosfera 105(0): 152-159.
Q. Zhang, Y. L., E. A. Ackerman, M. Gajdardziska-Josifovska, i H. Li (2011). "Visible light responsive jode-doped TiO2 for photocatalytic reduction of CO2 to fuels" Applied Catalysis A 400(1-2): 195-202.
R. Jin, Z. W., Y. Liu, B. Jiang, i H. Wang, " tom (2009). "Fotokatalityczna redukcja NO za pomocą NH3 z użyciem Si-dopedu TiO2 przygotowanego metodą hydrotermiczną." Journal of Hazardous Materials 161(1): 42-48.
Rahman, A., M. Ahmed, M. Absi-Halabi, J. Beshara, H. Qabazard i A. Stanislau, Eds. (1995). Catalysts in Petroleum Refining and Petrochemical Industries, Elsevier, Amsterdam.
Ramimoghadam, D., S. Bagheri i S. B. Abd Hamid (2014). "Biotemplowana synteza nanocząsteczek tlenku tytanu anatazowego przez Lignocelulozowy materiał odpadowy". BioMed Research International 2014: 7.
Rengaraj, S., et al (2006). "Fotokatalityczna degradacja metyloparationu-An - substancji zaburzającej gospodarkę hormonalną przez Bi3+ z domieszką TiO2". Journal of Molecular Catalysis A: Chemical 247(1-2): 36-43.
Robinson, T., G. McMullan, R. Marchant i P. Nigam (2001). "Remediacja barwników w ściekach z tekstyliów: krytyczny przegląd obecnych technologii oczyszczania z proponowaną alternatywą." Bioresource Technology 77(3): 247-255.
Ryu, J. i W. Choi (2007). "Substrate-Specific Photocatalytic Activities of TiO2 and Multiactivity Test for Water Treatment Application". Environmental Science & Technology 42(1): 294-300.
Ryu, T. B. N. M.-J. H. a. K.-S., 2011. 33(1): p. 243. (2011). "Synthesis and High Photocatalytic Activity of Zn-doped TiO2 Nanoparticles by Sol-gel and Ammonia-Evaporation Method. Byk. Koreański Chem. Soc 33(1): 243.
S. Abedini Khorramia, G. Mahmoudzadeha, S. S. Madania i F. Gharibb (2011). "Effect of calcination temperature on the particle sizes of zinc ferrite prepared by a combination of sol-gel auto combustion and ultrasonic irradiation techniques". Journal of Ceramic Processing Research 12(5): 504-508.
S. Sakthivel, M. V. S., M. Palanichamy, B. Arabindoo, D. W. Bahnemann i V. Murugesan (2004). "Enhancement of photocatalytic activity by metal deposition: characterization and photonic efficiency of Pt, Au and Pd deposited on TiO2 catalyst". Badania wody 38(13): 3001-3008.
Sabri, M. G. M., B. Z. Azmi, Z. Rizwan, M. K. Halimah, M. Hashim i M. H. M. Zaid (2011). "Effect of temperature treatment on the optical characterization of ZnO-Bi2O3-TiO2 varistor ceramics." (2011). International Journal of Physical Sciences 6(6): 1388-1394.
Sagar, R. (1996). Razem z Chemia Xii, Rachna Sagar Private Limited.
Sahu, D. R., L. Y. Hong, S.-C. Wang i J.-L. Huang (2009). "Synteza, analiza i charakterystyka uporządkowanej mezoporowo matrycy TiO2/SBA-15. Wpływ temperatury kalcynacji." Materiały mikroporowate i mezoporowate 117(3): 640-649.
Sahu, M. i P. Biswas (2011). "Jednostopniowe przetwarzanie nanomateriałów tytanowych z domieszką miedzi w płomieniowym reaktorze aerozolowym". Nanoskalowe listy badawcze 6(1): 441-441.

Sangpour, P., F. Hashemi i A. Z. Moshfegh (2010). "Photoenhanced Degradation of Methylene Blue on Cosputtered M:TiO2 (M = Au, Ag, Cu) Nanocomposite Systems. Badanie porównawcze." The Journal of Physical Chemistry C 114(33): 13955-13961.
Schneider, J., M. Matsuoka, M. Takeuchi, J. Zhang, Y. Horiuchi, M. Anpo i D. W. Bahnemann (2014). "Understanding TiO2 Photocatalysis. Mechanizmy i materiały." Chemical reviews 114(19): 9919-9986.
Serpone, N., G. Sauvé, R. Koch, H. Tahiri, P. Pichat, P. Piccinini, E. Pelizzetti i H. Hidaka (1996). "Standardization protocol of process efficiencyiencies and activation parameters in heterogeneous photocatalysis: relative photonic efficiencyiencies ζr.". Journal of Photochemistry and Photobiology A: Chemistry 94(2-3): 191-203.
Shi, J.-w., S.-h. Chen, S.-m. Wang, Z.-l. Ye, P. Wu i B. Xu (2010). "Favorable recycling photocatalyst TiO2/CFA: Effects of calcination temperature on the structural property and photocatalytic activity." Journal of Molecular Catalysis A: Chemical 330(1-2): 41-48.
Singh, R., A. Kainthola i T. N. Singh (2012). "Oszacowanie stałej sprężystej skał przy użyciu podejścia ANFIS." Zastosowany Soft Computing 12(1): 40-45.
Siuleiman, S., N. Kaneva, A. Bojinova, K. Papazova, A. Apostolov i D. Dimitrov (2014). "Fotodegradacja Orange II przez proszki ZnO i TiO2 oraz nanowire ZnO i ZnO/TiO2 w cienkich warstwach." Koloidy i powierzchnie A: Aspekty fizykochemiczne i inżynieryjne 460(0): 408-413.
Song, K., J. Zhou, J. Bao i Y. Feng (2008). "Photocatalytic Activity of (Copper, Nitrogen)-Codoped Titanium Dioxide Nanoparticles." Journal of the American Ceramic Society 91(4): 1369-1371.
Sreethawong, T. i S. Yoshikawa (2005). "Badanie porównawcze ewolucji fotokatalitycznego wodoru nad fotokatalizatorami Cu-, Pd- i Au-loadowanymi mezoporowo TiO2." Catalysis Communications 6(10): 661-668.
T. Tong, J. Z., B. Tian, F. Chen, i D. He (2008). "Przygotowanie katalizatorów TiO2 z domieszką Fe3+ poprzez kontrolowaną hydrolizę tlenku tytanu i badanie ich aktywności fotokatalitycznej dla degradacji pomarańczy metylowej". Journal of Hazardous Materials 155(3): 572-579.
Takeda, N. i K. Teranishi (1988). "Generacja nadtlenkowego rodnika anionowego z organicznej materii atmosferycznej." Bulletin of environmental contamination and toxicology 40(5): 678-682.
Tao, R.-H., J.-M. Wu, J.-Z. Xiao, Y.-P. Zhao, W.-W. Dong i X.-D. Fang (2013). "Konsekwentny wzrost ZnO na układzie nanowirów TiO2 dla zwiększenia aktywności fotokatalitycznej." Applied Surface Science 279(0): 324-328.
Tian, J., J. Wang, J. Dai, X. Wang i Y. Yin (2009). "Proszek kompozytowy TiO2/ZnO z domieszką N i jego właściwości fotokatalityczne w zakresie degradacji pomarańczy metylowej." Surface and Coatings Technology 204(5): 723-730.
Trejo-Tzab, R., J. J. Alvarado-Gil, P. Quintana i P. Bartolo-Pérez (2012). "Domieszka N TiO2 P25/Cu w proszku otrzymywana za pomocą plazmy gazowej z azotem (N2)". Catalysis Today 193(1): 179-185.
Tryba, B., M. Toyoda, A. W. Morawski, R. Nonaka i M. Inagaki (2007). "Photocatalytic activity and OH radical formation on TiO2 in the relation to crystallinity." Zastosowana kataliza B: Środowiskowa 71(3-4): 163-168.
U.I. Gaya, A. H. A. (2008). "Niejednorodna fotokatalityczna degradacja zanieczyszczeń organicznych nad dwutlenkiem tytanu: przegląd podstaw, postępów i problemów." Journal of Photochemistry and Photobiology C: Photochemistry Reviews 9: 1-12.
V.D. Binas, K. S., T. Maggos, A. Katsanaki, G. Kiriakidis (2012). "synteza i aktywność fotokatalityczna nanostrukturalnych proszków z domieszką Mn TiO2 w świetle UV i widzialnym." Zastosowana kataliza B: Środowiskowa 113-114: 79-86.
Vargas, X., et al (2012). "Zsyntetyzowany dwutlenek tytanu": Badanie aktywności fotokatalitycznej i mineralizacji dla barwnika azowego." Journal of Photochemistry and Photobiology A: Chemistry 243: 17-22.
Vemury, S. i S. E. Pratsinis (1995). "Dopanty w płomienistej syntezie Tytanii." Journal of the American Ceramic Society 78(11): 2984-2992.
Woroncow, E. A. K. a. A. V. (2007). "Influence of mesoporous and platinum-modified titan dioxide preparation methods on photocatalytic activity in liquid and gas phase." Zastosowana kataliza B 77(1-2): 35-45.
W.-A.Wang, Q. S., Y.-P.Wang, J.-L. Cao, G.-Q. Liu, i P.Y. Peng (2011). "Preparat i charakterystyka mezoporowatego TiO2 z domieszką jodu metodą hydrotermiczną". Applied Surface Science 257(8): 3688-3696.

W. K. Ho, J. C. Y., i S. C. Lee (2006). "Niskotemperaturowa hydrotermiczna synteza TiO2 z domieszką S o aktywności fotokatalitycznej światła widzialnego". Journal of Solid State Chemistry 179(4): 1171-1176.

W. Sun, S. Z., Z. Liu, C. Wang, i Z. Mao (2008). "Badania nad ulepszoną ewolucją fotokatalitycznego wodoru nad fotokatalizatorami TiO2 zmodyfikowanymi przez Pt/PEG." International Journal of Hydrogen Energy 33(4): 1112-1117.

W.C.Hung, S.H.F., J.J.Tseng, H.Chu, andT. H. Ko (2007). "Study on photocatalytic degradation of gasous dichloromethane using pure and iron jon-doped TiO2 prepared by the sol-gel method". Chemosfera 66(11): 2142-2151.

Wang, H. Y., Y. Yang, X. Li, L. J. Li i C. Wang (2010). "Przygotowanie i charakterystyka porowatych nanowłókien kompozytowych TiO2/ZnO poprzez elektrospinning." Chińskie pisma chemiczne 21(9): 1119-1123.

Wang, J., J. Li, Y. Xie, C. Li, G. Han, L. Zhang, R. Xu i X. Zhang (2010). "Badanie słonecznej fotokatalitycznej degradacji różnych barwników w obecności kompozytu Er3+:YAlO3/ZnO-TiO2." Journal of Environmental Management 91(3): 677-684.

Wang, J., W. Mi, J. Tian, J. Dai, X. Wang i X. Liu (2013). "Effect of calcinations of TiO2/ZnO composite powder at high temperature on photodegradation of methyl orange." Kompozyty Część B: Inżynieria 45(1): 758-767.

Wang, J., Z. Wang, B. Huang, Y. Ma, Y. Liu, X. Qin, X. Zhang i Y. Dai (2012). "Oxygen Vacancy Induced Band-Gap Narrowing and Enhanced Visible Light Photocatalytic Activity of ZnO." ACS Applied Materials & Interfaces 4(8): 4024-4030.

Wang, Y., W. Duan, B. Liu, X. Chen, F. Yang i J. Guo (2014). "The Effects of Doping Copper and Mesoporous Structure on Photocatalytic Properties of TiO2." Journal of Nanomaterials 2014: 7.

Wang, Y., K. Lu, i C. Feng (2011). "Fotokatalityczna degradacja pomarańczy metylowej przez polioksometalany oparte na domieszce itru TiO2." Journal of Rare Earths 29(9): 866-871.

Wang, Y., S. Zhu, X. Chen, Y. Tang, Y. Jiang, Z. Peng i H. Wang (2014). "Jednoetapowa, bezwzgledowa produkcja mezoporowych mikrosfer ZnO/TiO2 o zwiększonej aktywnosci fotokatalitycznej." Applied Surface Science 307(0): 263-271.

Wu, C., L. Shen, H. Yu, Y.-C. Zhang i Q. Huang (2012). "Solwotermiczna synteza nanowirów ZnO z domieszką Cu o aktywności fotokatalitycznej napędzanej światłem widzialnym." Materiały Litery 74(0): 236-238.

Wu, L., J. C. Yu i X. Fu (2006). "Characterization and photocatalytic mechanism of nanosized CdS coupled TiO2 nanocrystals under visible light irradiation." (2006). Journal of molecular catalysis A: Chemical 244(1): 25-32.

Xiao, Q., et al (2008). "Fotoindukowany rodnik hydroksylowy i aktywność fotokatalityczna nanokrystalicznej TiO2 z domieszką samarną." Journal of Hazardous Materials 150(1): 62-67.

Xiao, S., L. Zhao, X. Leng, X. Lang i J. Lian (2014). "Synteza amorficznej błony nanorodowej ZnO2 modyfikowanej TiO2 o wzmocnionych właściwościach fotokatalitycznych." Applied Surface Science 299(0): 97-104.

Xu, X., J. Wang, J. Tian, X. Wang, J. Dai i X. Liu (2011). "Hydrotermiczna i podgrzewcza obróbka proszku kompozytowego TiO2/ZnO i jego fotodegradacja na pomarańczy metylowej." Ceramics International 37(7): 2201-2206.

Y.-H.H. Chin-Chuan Liu, P.-F. L., Chia-Hsin Li, Chao-Lang Kao (2006). Barwniki i pigmenty 68: 191-195.

Y. Abdollahil, A. H. A., Z. Zainal, N.A. Yusof, 7 (2011) 165-170 (2011). "Fotodegradacja o-krezolu przez ZnO pod wpływem promieniowania UV." Journal of American Science 7: 165-170 (2011).

Y. Ishibai, J. S., T. Nishikawa, i S. Miyagishi (2008). "Synteza fotokatalizatora TiO2 światło widzialne-aktywnego z Ptmodyfikacją: rola substratu TiO2 dla wysokiej aktywności fotokatalitycznej". Zastosowana kataliza B 79(2): 117-121.

Y.Ma, J.-W. F., X. Tao, X. Li, i J.-F. Chen (2011). "Niskotemperaturowa synteza nanokrystalitów TiO2 z domieszką jodu o zwiększonej aktywności fotokatalitycznej wywołanej widzialnością." Applied Surface Science 257(11): 5046-5051.

Yang, C., H. Fan, Y. Xi, J. Chen i Z. Li (2008). "Effects of depositing temperatures on structure and optical properties of TiO2 film deposited by jon beam assisted electron beam evaporation." Applied Surface Science 254(9): 2685-2689.

Yang, G., Z. Yan i T. Xiao (2012). "Przygotowanie i charakterystyka półprzewodnika kompozytowego SnO2/ZnO/TiO2 o zwiększonej aktywności fotokatalitycznej." Applied Surface Science 258(22): 8704-8712.

Yang, M.-Q., N. Zhang, M. Pagliaro i Y.-J. Xu (2014). "Sztuczna fotosynteza nad kompozytami grafenowo-półprzewodnikowymi. Robimy się coraz lepsi?" Chemical Society Reviews 43(24): 8240-8254.

Yi, S., J. Cui, S. Li, L. Zhang, D. Wang i Y. Lin (2014). "Enhanced visible-light photocatalytic activity of Fe/ZnO for rhodamine B degradation and its photogenerated charge transfer properties." Applied Surface Science 319(0): 230-236.

Yogi, C., K. Kojima, T. Takai i N. Wada (2009). "Fotokatalityczna degradacja błękitu metylenowego przez folię Au-deposited TiO2 pod wpływem promieniowania UV." Journal of Materials Science 44(3): 821-827.

Yu, J., J. Low, W. Xiao, P. Zhou i M. Jaroniec (2014). "Enhanced Photocatalytic CO2-Reduction Activity of Anatase TiO2 by Coexposed {001} and {101} Facets." Journal of the American Chemical Society 136(25): 8839-8842.

Z.Ambrus, N. B. a., T. Alapi et al (2008). "Synteza, struktura i właściwości fotokatalityczne TiO2 z domieszką Fe(III)-doprawionej TiCl3". Zastosowana analiza katalityczna B: Środowiskowa 81(1-2): 27-37.

Zhang, M., T. An, X. Liu, X. Hu, G. Sheng i J. Fu (2010). "Przygotowanie wysokoaktywnego fotokatalizatora ZnO/TiO2 metodą jednorodnej hydrolizy z krystalizacją w niskiej temperaturze." Materiały Listy 64(17): 1883-1886.

Zhang, P., C. Shao, X. Li, M. Zhang, X. Zhang, Y. Sun i Y. Liu (2012). "In situ montaż dobrze rozproszonych nanocząstek Au na nanowłóknach TiO2/ZnO. Trójkierunkowa synergiczna heterostruktura o zwiększonej aktywności fotokatalitycznej." Journal of Hazardous Materials 237-238(0): 331-338.

Zhang, Y., Z.-R. Tang, X. Fu i Y.-J. Xu (2010). "Nanokompozyty TiO2-Graphene do fotokatalitycznej degradacji lotnych zanieczyszczeń aromatycznych: Czy TiO2-Graphene naprawdę różni się od innych materiałów kompozytowych TiO2-Carbon?" ACS Nano 4(12): 7303-7314.

Zhao, L., M. Xia, Y. Liu, B. Zheng, Q. Jiang i J. Lian (2012). "Mikrobliźniaki TiO2 nanorody wyhodowane na zasianej folii ZnO." Journal of Crystal Growth 344(1): 1-5.

Zheng, X., D. Li, X. Li, J. Chen, C. Cao, J. Fang, J. Wang, Y. He i Y. Zheng (2015). "Budowa heterostruktury kryształów fotonicznych ZnO/TiO2 dla zwiększenia właściwości fotokatalitycznych." Zastosowana kataliza B: Środowiskowa 168-169(0): 408-415.

Zhong, J. b., et al., 2012. 12(3): p. 998-1001. (2012). "Poprawiona wydajność fotokatalityczna ZnO z domieszką Pd". Current Applied Physics 12(3): 998-1001.

Zhou, P., J. Yu i M. Jaroniec (2014). "Wszechstanowiskowe systemy fotokatalityczne Z-Scheme." Materiały zaawansowane 26(29): 4920-4935.

Zhou, X.-T., H.-B. Ji i X.-J. Huang (2012). "Fotokatalityczna degradacja Methyl Orange over Metalloporphyrins Supported on TiO2 Degussa P25." Molekuły.

Zhu, B. L., C. S. Xie, W. Y. Wang, K. J. Huang i J. H. Hu (2004). "Poprawa wrażliwości gazowej grubej warstwy ZnO na lotne związki organiczne (VOC) poprzez dodanie TiO2." Materials Letters 58(5): 624-629.

Zhu, J., F. Chen, J. Zhang, H. Chen i M. Anpo (2006). "Fotokatalizatory Fe3+-TiO2 przygotowane przez połączenie metody zol-żel z obróbką hydrotermiczną i ich charakteryzacją." Journal of Photochemistry and Photobiology A: Chemistry 180(1-2): 196-204.

Zhu, J., Z. Deng, F. Chen, J. Zhang, H. Chen, M. Anpo, J. Huang i L. Zhang (2006). "Hydrotermiczna metoda domieszkowania dla przygotowania fotokatalizatorów Cr3+-TiO2 z gradientowym rozkładem stężeń Cr3+." Zastosowana kataliza B: Środowiskowa 62(3-4): 329-335.

Zhu, J., W. Zheng, B. He, J. Zhang i M. Anpo (2004). "Characterization of Fe-TiO2 photocatalysts synthezed by hydrothermal method and their photocatalytic reactivity for photodegradation of XRG dye diluted in water." (2004). Journal of Molecular Catalysis A: Chemical 216(1): 35-43.

Zhu, M., H. Wang, A. A. Keller, T. Wang i F. Li (2014). "Wpływ kwasu humusowego na agregację nanocząsteczek dwutlenku tytanu o różnym pH i sile jonowej." Sci Total Environ 487: 375-380.

Zhu, Z., M. Hartmann, E. M. Maes, R. S. Czernuszewicz i L. Kevan (2000). "Physicochemical Characterization of Chromium Oxides Immobilized in Mesoporous MeMCM-41 (Me = Al, Ti, and Zr) Molecular Sieves." The Journal of Physical Chemistry B 104(19): 4690-4698.

Zou, X., X. Dong, L. Wang, H. Ma, X. Zhang i X. Zhang (2014). "Przygotowanie kompozytów Ni Doped ZnO-TiO2 i ich zwiększona aktywność fotokatalityczna." International Journal of Photoenergy 2014: 8.

Zuo, F., L. Wang, T. Wu, Z. Zhang, D. Borchardt i P. Feng (2010). "Samodzielnie dozowany fotokatalizator Ti3+ do produkcji wodoru w świetle widzialnym." J Am Chem Soc 132(34): 11856-11857.

Printed by Books on Demand GmbH, Norderstedt / Germany